AF423736

*Los temas más controvertidos de la
investigación científica contemporánea para
quienes deseen emprender un fascinante
Viaje al Centro de la Ciencia.*

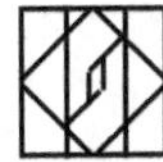

c o l e c c i ó n

VIAJE AL CENTRO DE LA CIENCIA

ADN
Editores, S.A. de C.V.

Colección dirigida por
Juan Tonda

Diseño e ilustraciones: Arroyo + Cerda
Ilustración de portada y portadilla: Gerardo Gómez
Ilustraciones interiores: Juan Tonda

Primera edición, 1997
Quinta reimpresión, 2005
Sexta reimpresión, 2021

© ADN Editores, S.A. de C.V.
Estrella del Sur 150, Col. Rancho Tetela,
62160 Cuernavaca, Morelos,
México
juantonda54@gmail.com
Tel. (52) 5554006326

La primera edición se coeditó con la Dirección
General de Publicaciones del Consejo
Nacional para la Cultura y las Artes.

ISBN 978-968-6849-20-2

Plinio Sosa Fernández

Bájate de mi nube electrónica

*Como tengo hijitis y espositis, pues a ellos se los dedico:
a Agni, a Inari y a Cristi.*

*Además quiero agradecer a Andoni Garritz, a Juvencio Robles y a Juan
Tonda por sus comentarios y sugerencias.*

*También quiero agradecer a Clemencia Licona, amiga entrañable,
cuya ayuda en el desarrollo experimental de mi tesis doctoral fue
determinante. Con toda seguridad, sin esa ayuda, en vez de escribir
este libro, hubiera estado, todavía, lidiando con feroces matraces y
bravas columnas de separación.*

Índice

Introducción

Dos historias paralelas. La de una joven india precolombina, cuya insaciable curiosidad le hace vivir las más diversas aventuras en los bosques septentrionales de lo que hoy es la frontera entre Canadá y los Estados Unidos. Y la de un joven de nuestra época, cuya insaciable curiosidad, también, lo hace vivir las más inconcebibles aventuras intelectuales, aquí, en México, en su plantel de San Andrés Cuilapa, en el estado de México, al lado de su inquieto profesor de química. En ambas historias, las nubes son las protagonistas principales. En una, las nubes son el espíritu gemelo de la hermosa princesa india y El Gran Espíritu de las Nubes es el dios hidatsa que la protege y ayuda. En la otra, las nubes le dan respuesta a las múltiples interrogantes que el precoz cuilapeño hace sobre el interior de la materia. Pero, en este caso, no se trata de las majestuosas nubes de agua que adornan los cielos de nuestro planeta y que han sido inmortalizadas por pintores y poetas. No, se trata de otro tipo de nubes. Unas nubes infinitamente pequeñas y livianas. Casi insignificantes... si no fuera porque determinan la estructura de toda la materia: desde las discretas moléculas hasta las infinitas redes cristalinas, pasando por las serpenteantes cadenas de los polímeros. Casi insignificantes... si no fuera porque de ellas dependen las propiedades físicas y químicas de las sustancias. Estas minúsculas nubecillas son los electrones. El electrón, o mejor dicho, la nube electrónica es, sin lugar a dudas, la protagonista principal de la química.

1

Los opuestos se atraen

*Y al elevarse el agua se convirtió en nube. Nube Solitaria
envuelta de nube. Una nube rellena de Nube.*

De pronto, Nube Solitaria escuchó, a sus espaldas, un extraño ruido que, de momento no supo identificar. Lenta, muy lentamente, giró la cabeza. Entonces, se sintió perdida. Frente a ella, a escasos cuatro metros, un enorme oso grizzli, subiendo y bajando su espalda, hacía que el tronco de uno de esos pinos del bosque pareciera una pequeña pluma en manos de un niño.

Nube Solitaria se quedó inmóvil. Parte por estrategia, parte por miedo, la joven Nube se convirtió en otro tronco más, otra corteza, otro árbol. El oso no parecía haberse percatado de la presencia de Nube Solitaria. Sin ningún asomo de prisa, tranquilo, disfrutando el momento, siguió rítmicamente frotando su lomo contra aquella conífera.

En lo intrincado del bosque, a espaldas del imponente animal, Nube Solitaria aguardó pacientemente, sin mover un sólo músculo, hasta que el grizzli descansó su pesado cuerpo sobre sus patas delanteras y, quitado de la pena, se alejó. La joven Nube, poco a poco, recuperó el aliento. Sabía que la ausencia de viento la había salvado. Esperó un tiempo y luego escapó a toda velocidad.

Corrió y corrió hacia su campamento. Las huellas de sus mocasines quedaron impresas sobre la nieve. Salió del bosque y, a grandes zancadas, bajó la ladera hasta llegar al pequeño lago cuyas aguas invernales se mecían debajo de una gruesa capa de hielo. Dudó. Sabía lo peligroso que era caminar sobre el lago congelado. Debería rodearlo pero... estaba muy asustada y no quería volver a encontrarse con aquella fiera. Despacio, pensó, primero un pie y luego el otro, para no resbalar. Imaginó que el pesado oso jamás intentaría caminar sobre el hielo. En realidad, el buen animal se dedicaba a extraer la miel de un panal, al otro lado de la montaña.

Cautelosamente, Nube Solitaria fue avanzando sobre la superficie congelada del lago. Primero un pie y luego el otro, se repetía a sí misma para mantener la concentración y no hacer movimientos bruscos. Paso a paso, poco a poco, con mucho cuidado. Pronto llegaría al campamento y podría sentarse, a salvo, alrededor de la hoguera. Su encuentro con el oso sería sólo un recuerdo, una aventura más. Otra de tantas. De pronto, una parte del hielo más delgada. Quizás una fractura en el hielo. Un poco más de presión en la pisada. O un movimiento apenas más brusco. Crack. Y zas. El hielo crujió bajo sus pies, y terminó por ceder. El hermoso cuerpo adolescente de Nube Solitaria cayó y se hundió en las frías aguas del pequeño lago. Recordó, entonces, otras tragedias similares. Recordó que ella sola no podía sobrevivir. Que alguien tenía que salvarla. Y que ese alguien tenía que actuar con gran rapidez. Recordó que algunos de los más ágiles guerreros no habían podido salvar a su compañero en situaciones parecidas. Y sabía, todo el tiempo que duró ese largo instante, que estaba sola, completamente sola, que no había nadie de la tribu que pudiera salvarla...

Entonces ocurrió lo increíble. El agua a su alrededor se entibió, dejó de estar fría. Luego se empezó a elevar. Una enorme esfera de agua elevándose, surgiendo de esa superficie quebrada. Y, dentro de ella, Nube Solitaria. Y al elevarse el agua se convirtió en nube. Nube Solitaria envuelta por una nube. Una nube rellena de Nube.

La mágica nube trasladó a la joven india hasta la orilla del lago y dulcemente la depositó sobre la nieve. Nube Solitaria despertó en el campamento. Unos guerreros la encontraron inconsciente. Estaba tranquila pero confundida. Su inquieto cerebro era una olla en ebullición. Estaba llena de dudas. Quería saber. Su padre, Relámpago de la Pradera, estaba junto a ella. Nube lo interrogó. No, no sobre eso. A ella no le inquietaba el Gran Espíritu de las Nubes, su guardia y benefactor. ¿Qué de extraño tiene que tu espíritu gemelo se ocupe de ti? No, definitivamente, no era eso lo que le inquietaba.

—Padre, ¿dónde empieza el mundo y dónde acaba? ¿A dónde viajan mis gemelas nubes? ¿Hasta dónde llegan y desde dónde vienen? ¿Y yo misma, padre, a dónde debo ir?

Nube Solitaria quería descifrar los enigmas de la naturaleza y de los hombres.

Al otro día, ya recuperada de su aventura en el bosque, Nube Solitaria escuchó a sus madres[1] prepararse para ir a traer la leña.

---

[1] En la cultura hidatsa, todas las mujeres de la familia se encargaban de la educación de todos los niños. No se tenían términos distintos para denominar a la madre biológica o a sus hermanas. A todas se les llamaba con la misma palabra: "madre".

Nube acostumbraba a ir con ellas, pero esta vez Liebre Cola de Algodón y Aurora del Corazón —que así se llamaban— la habían dejado descansar. Su abuela, Gran Nube, se encargaba todas las mañanas de encender el hogar frotando entre sí un par de palos.

Nube Solitaria vio surgir una chispa entre los maderos. Por un instante, la pequeña choza de invierno se iluminó. Las sombras grises de sus madres, acarreando el agua para hacer el desayuno, mostraron el color de sus atuendos y de su piel, por un instante.

Y, en ese instante, Nube Solitaria se elevó. De golpe su hermosa solidez se evaporó. Nube Solitaria, sublime, flotó. Dio una vuelta alrededor del hogar y luego se enfiló hacia el respiradero y salió de la choza. Ya afuera, en el bosque, se dejó ir hacia arriba, por encima de los pinos, a la montaña. Y así subió y subió por la ladera hasta llegar a aquel otoño de la Gran Tormenta, en que Gran Relámpago las llevó —a ella y a su hermana Luz de Luna— a la caza del águila.

En la partida iban dos jóvenes guerreros que se querían mucho. Eran dos grandes amigos que siempre andaban juntos. Corazón de Búfalo era un muchacho callado y circunspecto, sereno, grave. En cambio, Canto de Gorrión era un joven alegre y bullanguero que cantaba y bailaba a la menor provocación. Todos los hermanos de Corazón de Búfalo eran callados y serios como él. Les llamaban Los Escarabajos. De manera similar, los hermanos de Canto de Gorrión eran parlanchines y ruidosos. A ellos les daban el nombre de Las Cabezas Parlantes.

Gran Relámpago extendió una piel de oso sobre la ciénaga donde se encontraban. Mientras tanto, Corazón de Búfalo y Canto de Gorrión solícitamente encendieron un pequeño fuego. Luz de Luna y Nube Solitaria pusieron a cocer carne de alce.

Mientras la carne se cocía, Gran Relámpago y los dos jóvenes estuvieron conversando y fumando alrededor de la fogata. Cuando finalmente la comida estuvo lista, su padre le pidió a Nube Solitaria que la pusiera en un gran plato. Comieron muy poco de esa carne. Más de dos terceras partes quedaron intactas en el platón.

Cuando Nube Solitaria le preguntó a su padre por qué abandonaban la comida, Gran Relámpago le explicó que la carne y la ceremonia eran para los osos de la montaña porque fue el Oso quien enseñó al Hombre cómo cazar las águilas. Nube Solitaria escuchó con atención las palabras de su padre. Después, conmovida, agregó maíz cocido al caldo de alce.

Luego, empezaron a escalar. Sólo habían ascendido unos cuantos metros, cuando de pronto la noche se infiltró en el día. El brillante Sol se fue extinguiendo ante el empuje de la oscuridad. Grandes nubes negras invadieron el cielo anulando la brillante luz que emite el Sol de mediodía.

La partida se detuvo en una enorme peña desde la que se dominaba la totalidad del valle. Nadie pronunció palabra alguna. Las nubes amenazantes se agitaban sobre sus cabezas. De pronto, Nube Solitaria vio uno de los espectáculos más impresionantes en su vida: por detrás de la cima de la montaña, el cielo empezó a rasgarse. Una gigantesca espada de luz lo partió en dos mitades. Todo el valle se iluminó. Y luego, un momento después, el negro cielo se tragó la espada.

Indios e indias se juntaron y, estando así estupefactos, el cielo iracundo bramó con el rugido de mil pumas malheridos. La inmensa montaña se cimbró temerosa. Y una vez más, el cielo fue escindido por una segunda espada, semejante al tronco de un árbol seco, de la cual brotaban, como ramas, más espadines y puñales. Y luego apareció otra espada ramificada como la anterior. Y otra. Y otras muchas más. Y cada vez, el cielo respondió con largos y escalofriantes gritos de dolor.

El miedo se apoderó de ellos. El desproporcionado desplante de los dioses les mostró su poder infinito. Y ellos comprendieron también la infinita fragilidad del Hombre.

Luz de Luna, asustada, se abrazó a Nube Solitaria escondiendo su pequeña cabeza de niña en el regazo de su hermana mayor. Sin embargo, en Nube Solitaria pudo más la curiosidad que el miedo. Abrió sus hermosos ojos negros y, extasiada, contempló el espectáculo.

Vio nacer y morir esos increíbles árboles de luz. Los vio blandir sus ramas-puñales a diestra y siniestra. Y los vio bailar enarbolando sus gigantescas dagas plateadas contra la cúpula oscura de los cielos. Y esa danza caótica y majestuosa la fascinó. Las rayas en el cielo siguieron bailando a su alrededor en ese instante interminable. Y las vio juntarse y empequeñecerse mientras bailaban. Y las vio crepitar. Y no supo en qué momento ese baile blanco se volvió naranja.

Nube Solitaria, con la mirada fija en la hoguera, preguntó de pronto:

—Gran Nube, ¿por qué Corazón de Búfalo y Canto de Gorrión, siendo tan diferentes, son tan buenos amigos?

—Porque los opuestos se juntan, hija mía —respondió, con gravedad, su abuela.

El pequeño Crispín cerró su libro y se quedó pensando. El profesor Marbello, mientras tanto, lo observaba detenidamente. Crispín era un muchacho de 15 años profundamente interesado en la ciencia. A su corta edad, Crispín era ya un magnífico esgrimista mental. Cualquier afirmación, cualquier enunciado era destazado bajo la severa guillotina de la lógica crispiniana. Desde chico, había sido la amenaza de los profesionales de la diversión infantil. Descubría los trucos de los magos. Se burlaba de las estúpidas canciones "infantiles". Ridiculizaba a los payasos que querían ridiculizarlo.

"Bueno, eso está bien", pensó el profesor. "Pero, ¿y la fantasía? La imaginación, ¿dónde deja este amigo la imaginación? ¿Será bueno, para un muchacho de su edad, reducir el mundo y la vida a una serie de premisas y silogismos?".

Crispín seguía ensimismado.

"Que lea, que escuche música, que pinte. A este niño le hace falta acercarse al arte", sentenció el profesor de química.

Por eso, gran aficionado a la literatura, había escrito estos apuntes sobre Nube Solitaria. Para regalárselos a Crispín. Y leerlos junto con él. Y comentarlos.

—Oiga, prof, ¿qué pasó en la montaña?, ¿qué vieron Nube Solitaria y su hermana? —preguntó de pronto Crispín.

—Nada —contestó secamente Marbello adivinando hacia dónde pretendía llevar la discusión el muchacho—. Nada, una chispa, eso es todo.

—¿Una chispa?, ¿cómo?

La vocación de Marbello, como siempre, lo traicionó. En sus más de veintitantos años de experiencia docente nunca se había resistido a la provocación de una pregunta abierta.

—Sí, Crispín. Una chispa idéntica a la que surge cuando al darle la mano a otra persona sientes un toque. Idéntica también a la que salta cuando te quitas el suéter o a la que provoca el encendido de un motor. Claro que en estos casos, el salto de la chispa se da entre dos objetos que se encuentran muy cerca uno del otro. Pero en el caso de la tormenta eléctrica, el salto es desde el cielo hasta la tierra.

—Pero, ¿qué es lo que pasa? ¿Por qué ocurre?

—Bueno, lo que ocurre es una descarga eléctrica. Fíjate bien en las palabras: descarga eléctrica...

—Sí —interrumpió Crispín—. Entiendo que es un fenómeno eléctrico. Pero no entiendo dos cosas: ¿por qué la chispa?, y ¿de qué se descargan el cielo y la tierra? Es más, ¿qué es lo que cargaban antes de descargarse?

Marbello no tenía la respuesta. "¿Qué es lo que cargaban antes de descargarse? Pues la carga, ¿no? Pero ¿qué carambas es la carga?".

Sereno, con cara de jugador de *póker*, Marbello le hizo un ademán de espera y se alejó. A los pocos minutos, regresó con dos globos. Le dio uno a Crispín y empezó a inflar el otro.

—Frótalo vigorosamente contra tu pelo —le ordenó al joven— y luego acércalo a la pared.

Crispín siguió las instrucciones de su maestro.

—Suéltalo —le indicó el profesor.

—Se va a caer, prof —objetó Crispín con enfado.

—¿Por qué? —respondió Marbello.

—Por la gravedad. ¿No sabe usted que los cuerpos se atraen con una fuerza proporcional al producto de sus masas e inversamente proporcional al cuadrado de la distancia que los separa? —atacó Crispín con toda la ironía de que era capaz.

Marbello contestó con curiosidad.

—¿A ver?

Crispín soltó el globo. "*Touché*", pensó el experimentado maestro. El globo, o no sabía que la Tierra lo estaba atrayendo o no le importaba: se quedó pegado a la pared a metro y medio de altura.

—Ahora póntelo en la cabeza.

Crispín tomó el globo y adornó su cabeza con un tocado muy singular: un sombrero que indiferente a su forma esférica permanecía unido al pelo, rehusándose a rodar al piso.

—Ahora frota éste y júntalo con el primero.

Crispín frotó el segundo globo y luego lo trató de unir al primero. En vano. A una cierta distancia, el muchacho sintió que una fuerza impedía la unión. Volvió a intentarlo y otra vez, cuando ya estaban muy cerca los globos, en vez de juntarse, se separaban.

—Ambos son atraídos por el pelo y por la pared pero se repelen entre sí —exclamó el muchacho al descubrir con asombro lo que tantas veces había leído en los libros.

—El experimento clásico es el siguiente, Crispín: se frota una varilla de vidrio con seda y se cuelga de un hilo largo, como se ve aquí —Marbello trazó un dibujo sobre un papel (véase la figura 1.1)—. Si se frota otra varilla de vidrio con seda y se acerca al extremo frotado de la primera varilla, las varillas se repelen entre sí. Por otro lado, una varilla de plástico frotada con una piel atrae a la varilla de vidrio. Más aún, dos varillas de plástico frotadas con piel se repelerán entre sí —explicó el profesor Marbello.

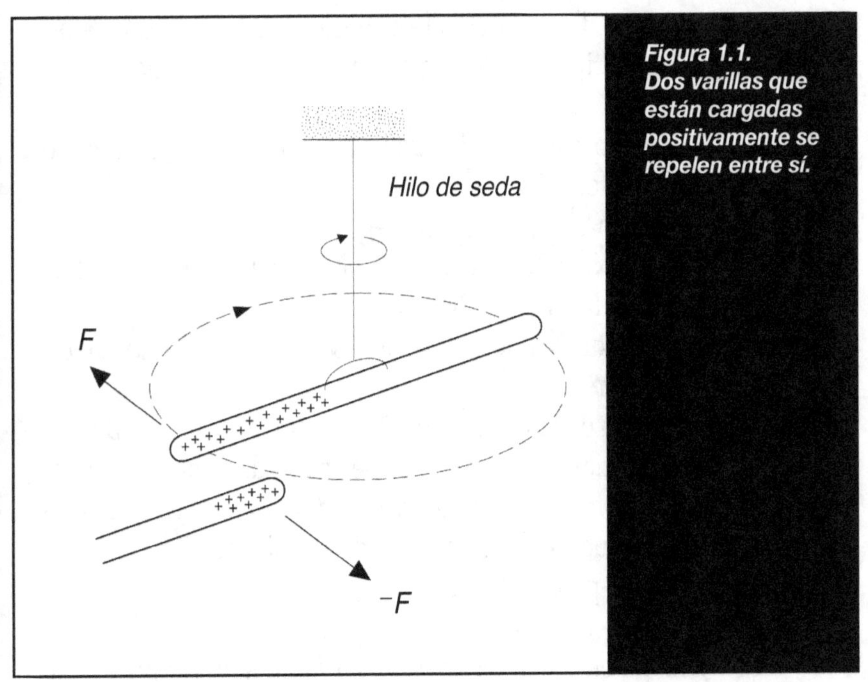

Figura 1.1.
Dos varillas que están cargadas positivamente se repelen entre sí.

—Este mismo experimento se puede repetir con una infinidad de objetos y materiales —retomó la explicación el maestro—, por ejemplo, frotando madera con algodón, plástico con lana, vidrio con gamuza, acero con algodón, etcétera. No importa cuántas veces lo repitamos, siempre vamos a encontrar un mismo resultado: algunos objetos se comportarán como el vidrio frotado con seda y otros como el plástico frotado con piel. La forma como se explicaba antiguamente este fenómeno era la siguiente: cuando se frotan los objetos se cargan de algo. A ese algo lo llamaron electricidad. Así, algunos objetos quedaban cargados con un tipo de electricidad y otros con el otro tipo. Es decir, suponían la existencia de dos tipos de electricidad.

—Claro —replicó Crispín con emoción—, eso permite dar una regla, que no una explicación. La regla sería: los objetos cargados con el mismo tipo de electricidad se repelen entre sí. Dos objetos, uno cargando un tipo de electricidad y el otro cargando el otro tipo, se atraen.

"Mira a este mocoso con aire de doctorcito", pensó espantado el maestro Marbello.

Y luego, en otro tono, Crispín agregó:

—Caray, Gran Nube, la abuela de Nube Solitaria, era una sabia.

"Bravo", pensó Marbello. "No está tan perdido".

—Pero le faltó decir que los iguales se alejan —añadió, arruinándolo todo—. ¿Y luego, prof?

—¿Qué te estaba diciendo?... ¡Ah, sí! Lo de las cargas, ¿no? Bueno, pues, para diferenciar ambos tipos de electricidad, a una se le denominó *electricidad positiva* y a la otra *electricidad negativa*. De esta manera, cuando un cuerpo carga electricidad positiva...

—O negativa —precisó Crispín.

—... se dice que está cargado positivamente.

—O negativamente —interrumpió con la pedantería propia de

un adolescente que prefiere leer libros de física en vez de ir a bailar a las *discotheques*.

— Por extensión —continuó Marbello como si no hubiera oído nada—, se dice que posee una *carga positiva*... o *negativa* —se apresuró a decir.

Para entonces, Crispín ya no estaba interesado en desesperar a su maestro, sino que estaba pensando un poco más allá.

—¿Cuál es cuál? —espetó secamente Crispín—. ¿Cuál es la positiva y cuál es la negativa?

—¡Ah, eso! Cualquiera, Crispín, la que tú quieras, eso no importa —respondió Marbello.

—La que yo quiera ya no se puede, prof —suspiró Crispín, con pretendida inocencia—. Ya se me adelantaron. Fue Benjamín Franklin, el conocido independentista estadounidense, quien denominó a la electricidad que aparece sobre el vidrio, positiva, y a la que aparece sobre el plástico, negativa.

—¿Plástico? —atajó Marbello para ocultar su orgullo sangrante—. ¿Plástico en el siglo xix? Ja, ja.

—Está bien, lacre o laca en los días de Franklin —corrigió sin darle mucha importancia—. La cosa es que esta asignación permanece hasta la actualidad —comentó con naturalidad Crispín.

—Así es, Crispín. De este modo, la existencia de las cargas permite una explicación razonable: la materia, en su estado normal o neutro, contiene cantidades iguales de electricidad positiva y negativa. Si se frotan entre sí dos cuerpos, como el vidrio y la seda, se transmite una pequeña cantidad de carga del uno al otro, eliminando la neutralidad de ambos. En este caso, el vidrio queda positivo y la seda negativa.

—Oiga, prof, ¿por qué se siente como si algo jalara al globo hacia la pared y como si algo impidiera que se juntaran los dos globos?

—Ah, porque se genera un par de fuerzas que...

—¿Un par de fuerzas? Dirá una fuerza, ¿no?

—No, Crispín, ¡dos fuerzas! Una en cada globo. Mira, si tenemos dos objetos con carga, separados a una cierta distancia, cada uno siente una fuerza idéntica a la del otro excepto porque mientras un objeto es empujado hacia un lado, el otro es empujado hacia el lado opuesto. Es decir, las dos fuerzas (una sobre cada objeto) son de la misma magnitud, pero de sentido contrario —Marbello sacó otro papel y realizó otro dibujo (véase figura 1.2).

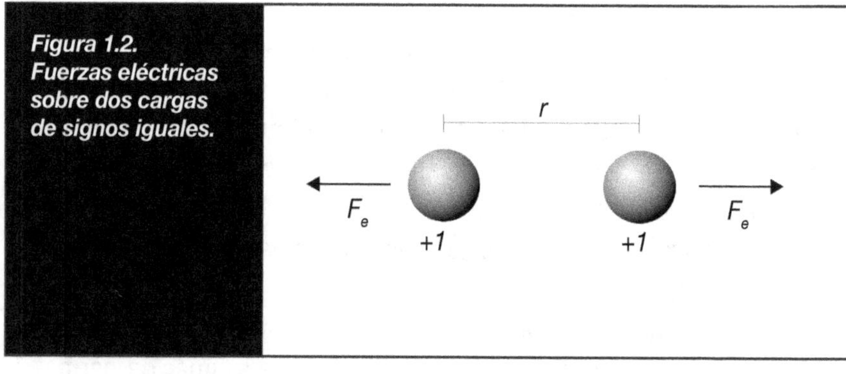

—¿Sabes qué, Crispín? —continuó Marbello—, estas flechitas sirven para representar a las fuerzas. El largo nos dice la magnitud de la fuerza y la punta, la dirección hacia donde empuja al objeto, ¿ves?

—En matemáticas, se llaman vectores —apuntó Crispín con naturalidad—. ¿Qué pasaría si los objetos estuvieran más cerca?

—¿Qué tanto más cerca?, ¿la mitad?

—Sí, ¿a ver?

El profesor Marbello hizo un nuevo dibujo (véase figura 1.3).

—¡Uau! ¡Se cuadruplican las magnitudes! ¿Y al revés? ¿Qué pasaría si estuvieran más lejos?

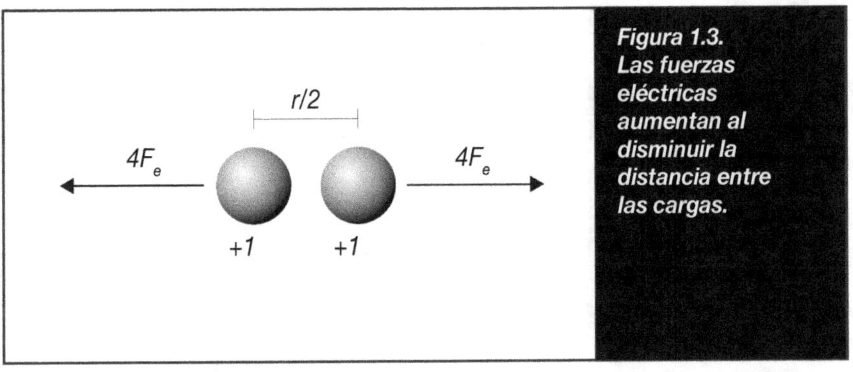

Figura 1.3. *Las fuerzas eléctricas aumentan al disminuir la distancia entre las cargas.*

—Ah, eso es fácil —sonrió Marbello y en un *dos por tres* hizo otro dibujo (véase figura 1.4).

—¡Uy! ¡Qué chiquitas se hicieron!

—La magnitud se redujo a la cuarta parte.

—Prof... ¿y si los dejamos a la misma distancia pero le ponemos más carga a uno de los objetos?

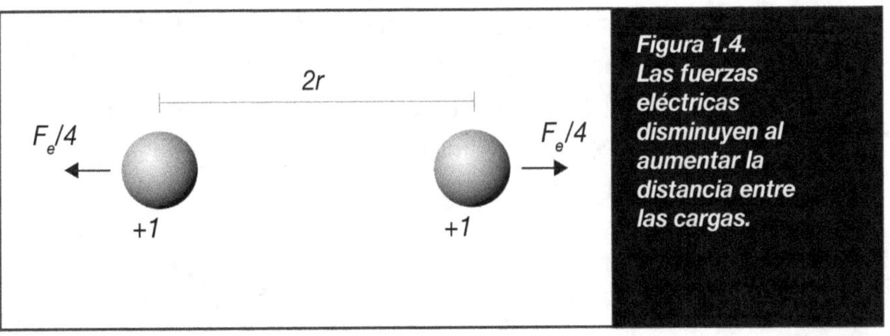

Figura 1.4. *Las fuerzas eléctricas disminuyen al aumentar la distancia entre las cargas.*

—¿Nada más a uno, Crispín?

—Sí.

—Ah, pues quedarían así las fuerzas correspondientes —y rápidamente le mostró un nuevo dibujo (véase figura 1.5)—. De todos modos los dos objetos sienten la misma fuerza.

Figura 1.5. Las fuerzas eléctricas aumentan al aumentar la magnitud de las cargas.

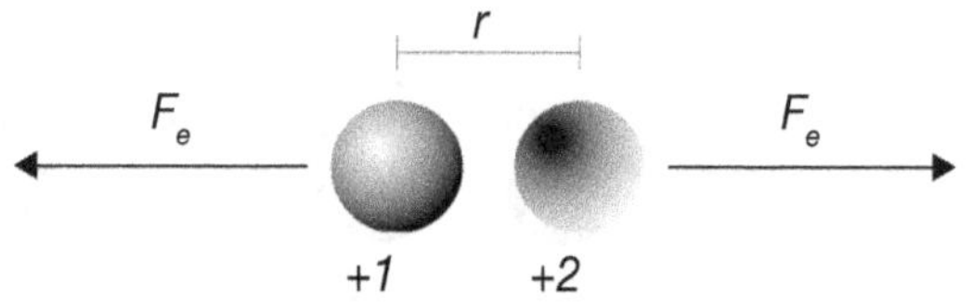

—Bueno, ya prof. Una última pregunta: ¿qué pasaría si un objeto tuviera una carga del doble de la original y el otro del triple?

—Ah, pues ahora la magnitud de las fuerzas se sextuplicaría.

—Pues ¿sabe qué, prof? Las fuerzas eléctricas son iguales a las gravitacionales.

—No. Se comportan igual pero no son iguales.

—Eso quise decir. Las gravitacionales dependen del producto de las masas mientras que las eléctricas del producto de las cargas. Y ambas, inversamente del cuadrado de la distancia.

Crispín era un gran aficionado a las matemáticas, así es que en vez de un dibujo, escribió las fórmulas matemáticas de las fuerzas gravitacional y eléctrica.

$$F_g = G\,\frac{m_1 m_2}{r^2} \qquad\qquad F_e = K\,\frac{q_1 q_2}{r^2}$$

—Sí, es verdad Crispín. Son muy parecidas pero también tienen sus diferencias...

—Claro. Las gravitacionales siempre son de atracción mientras que las eléctricas pueden ser de ambos tipos: de atracción o de repulsión —se adelantó Crispín.

—En efecto. Tal parece que la carga eléctrica es, como la masa, otra propiedad de la materia. Y tal parece, también, que hay dos clases de electricidad mientras que sólo hay una clase de masa. Pero hay otra gran diferencia, ¿cuál crees?

—¿Cuál, prof? ¿Qué otra diferencia puede haber?

—¡La magnitud, Crispín! No son de la misma magnitud. Las fuerzas eléctricas pueden ser cientos de trillones de veces más intensas.

—Bájele, prof. Le he dicho un cuatrillón de veces que no sea exagerado.

—No, es en serio. Si pones dos objetos a un metro de distancia con masas de 1 kg y cargas de un coulomb[2], la fuerza debida a las cargas es cientos de trillones de veces mayor que la debida a las masas.

—¡Órale! —dijo Crispín abriendo sus ojos al máximo—. Aunque no entiendo mucho qué tanto son cien trillones.

—Un millón por un millón por otro millón y finalmente por cien —explicó rápidamente Marbello.

—¿Cómo? —preguntó Crispín.

Marbello garabateó una cifra en el papel: 10^{20}

—Ah, así, sí —dijo Crispín con aire de suficiencia—. Oiga, maestro, ¿y el magnetismo?

—La electricidad y el magnetismo están fuertemente relacionados. Una carga eléctrica, al atravesar un campo magnético a cierta velocidad, es desviada por una fuerza lateral (de hecho perpendicular tanto a la trayectoria de la partícula como a la dirección del

[2] La ley de la naturaleza que gobierna estas propiedades de las fuerzas eléctricas fue descubierta por el investigador francés Charles Augustin Coulomb (1736-1806). En su honor, se le conoce como la *Ley de Coulomb*. También, en honor a este destacado científico, a la unidad de carga eléctrica del Sistema Internacional de Unidades se le denomina *coulomb* (C) y, en consecuencia, todas las cargas se miden en coulombs.

campo magnético), conocida como fuerza magnética. A su vez, cualquier carga en movimiento genera un campo magnético.

—¿Hay algo equivalente a la carga en los fenómenos magnéticos?

—Bueno, en electricidad, la carga aislada es la estructura más sencilla que puede existir. Si dos de estas cargas, de signos opuestos, se colocan fijas una cerca de la otra, forman un dipolo eléctrico, caracterizado por una flechita...

—Un vector —acotó Crispín.

—... llamado momento dipolar eléctrico. En el magnetismo, los polos magnéticos aislados que corresponderían a las cargas eléctricas aisladas aparentemente no existen. La estructura más sencilla es el dipolo magnético, representado por otra flechita...

—Otro vector.

—... llamada momento dipolar magnético. Las agujas de las brújulas, los imanes de barra y las bobinas eléctricas, se comportan como dipolos magnéticos.

—Ya ve, prof, por tanto hablar de los dipolos, ya me dio hambre.

—Tienes razón, Crispín, ya es hora de irnos. Nos vemos mañana.

—Sí, prof, nos vemos.

—No te olvides de leer a Nube Solitaria.

—Usted tampoco...

2

Los pequeños adobes de la naturaleza

Para juntar un gramo de hidrógeno es necesario tener
¡casi un cuatrillón de átomos!

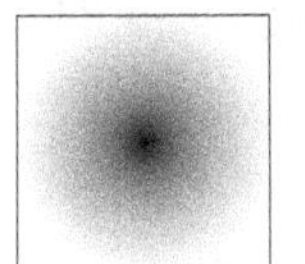 Nube Solitaria pensaba para sí, ¿de cuál extremo se encontraba más cerca: del alborozo o de la seria reflexión? ¿A quién se parecía más a Canto de Gorrión o a Corazón de Búfalo? Unos lejanos ladridos la sacaron de su ensimismamiento. Alguien de la tribu venía de regreso. Nube Solitaria, curiosa como era, salió de la choza a ver quién era el recién llegado.

A lo lejos vio acercarse a uno de los hermanos de su padre gritando desaforadamente:

—Es Piedra Rodante, se trata de Piedra Rodante... ¡Piedra Rodante ha regresado!

De pronto, toda la aldea se volvió un torbellino. Todo el mundo corría de un lado a otro. Y todos repetían la misma frase: "Piedra Rodante ha regresado, Piedra Rodante ha regresado".

Piedra Rodante era el bisabuelo de Nube Solitaria. Él había partido hacia el Sur, hacía muchos años, antes de que Nube Solitaria naciera. Desde entonces, nadie había sabido más de él. La hermosa Nube Solitaria ya había interrogado a Gran Nube sobre su bisabuelo.

—Mi padre fue una piedra rodante —fue la parca respuesta que dio la abuela.

Cinco hombres con sus perros y sus trineos llegaron a la aldea. Nube Solitaria miró a un hombre fuerte y altivo que comandaba al grupo. Piedra Rodante debía ser un anciano, pero... no lo era.

La aldea se preparó para darle la bienvenida a los aventureros. Los hombres destazaron un par de búfalos. Mientras, las mujeres preparaban grandes ollas para cocinarlos. Después de haber traído la leña, oyó a sus madres decir: "Hermana, el abuelo ha vuelto".

Los viajeros platicaron horas y horas sobre sus aventuras. Conocieron todos los pueblos hasta llegar al Gran Imperio del Sur. Piedra Rodante describió una a una las impresionantes maravillas de aquel reino. Y Nube Solitaria, mientras escuchaba a su bisabuelo, deseó estar allá.

El Gran Espíritu de las Nubes la escuchó. Vino por ella y, envolviéndola dulcemente con sus grandes brazos de nube, la llevó al Sur. Y así, mientras el admirado viajero era escuchado por su pueblo, lejos, muy lejos, sobre la gran Ciudad del Lago apareció, solitaria, una nube más. Los sureños, sin embargo, no advirtieron la presencia de la intrusa.

Nube Solitaria, desde lo alto, pudo apreciar la más grande y majestuosa aldea del mundo. Una ciudad enorme, del tamaño de mil aldeas, era atravesada por cuatro canales. En el centro, había imponentes templos que se elevaban hacia el cielo en busca de sus dioses. Miles de hombres y mujeres, navegaban por los canales, caminaban de un lado a otro, comían, vendían y trabajaban.

Nube Solitaria, intrigada por tan fastuosas construcciones, descendió hasta la altura de los templos. Y ahí vio lo increíble. Estaban hechas de piedra. Grandes bloques de piedra, cortados en forma regular, acomodados unos encima de otros. Cada edificio, cada templo, cada choza, por distintos que parecieran, eran una manifestación de la misma idea: un bloque de piedra repetido miles de veces.

—Incluso las chozas más pobres —escuchó decir a su bisabuelo mientras ella sobrevolaba los alrededores de la Gran Ciudad—, están hechas por bloques, no de piedra sino de lodo secado al sol; ellos lo llaman *adobe*.

Nube Solitaria pensó en la choza de sus madres. Era, como todas las demás, una vivienda en forma de cúpula, con vigas y postes, cubierta con sauces, hierba y tierra. La aldea había sido planeada por los hechiceros de la tribu.

—¿Quiénes son estas niñas? —escuchó preguntar al importante bisabuelo a miles de kilómetros de distancia al norte. Una nube desapareció del cielo de la Ciudad del Lago.

—Son tus bisnietas —contestó Gran Nube—. Luz de Luna y Nube Solitaria —agregó la abuela.

Una sonrisa. Apenas tuvo tiempo la hermosa princesa india para regresar del Sur y ofrecerle a su bisabuelo una dulce e inocente sonrisa.

El profesor Marbello distinguió a Crispín, debajo de una enorme jacaranda, leyendo un libro. Se acercó.

—Hola Crispín. ¿Cómo estás?

—¿Qué tal, prof? Aquí, leyendo las aventuras de Nube Solitaria.

—Muy bien. ¿En qué vas?

—Apenas al principio, cuando el bisabuelo regresa de un viaje muy largo.

—Ah sí. Es bonita esa parte...

—Oiga, prof...

Marbello palideció. Esas dos palabras, el tono en que eran pronunciadas y la expresión reflexiva de Crispín, amenazaban con una larga sesión de ciencia dura.

—... ¿por qué se sorprendieron tanto los amigos de Nube de la forma de construir en el Gran Reino del Sur?

—Bueno, es que debió ser un espectáculo maravilloso. Para ellos, acostumbrados a vivir en unas chozas sencillas, la descripción de esos grandes templos, la enorme cantidad de gente. Y el color, Crispín, el gran colorido que había en esa extraordinaria ciudad.

—Claro, prof, pero no digo eso sino que a ellos les parecía maravilloso que construyeran con adobes. A mí no me parece *taaan* maravilloso.

—¿No? ¿Por?

—Es que es lógico, prof. Si usted quiere hacer una pared muy alta, es más fácil pegar muchas piedras de cierto tamaño que encontrar una piedra grandotota y con forma de pared. Y aunque la encontrara, luego ¿cómo la carga?

—Pues... —intentó contestar Marbello sin gran convicción.

—En cambio, la forma de construir de la tribu de Nube Solitaria, esa sí era ingeniosa. ¿No ve que no usaban esos pequeños bloques?

Al profesor le brillaron los ojos: le encantaba discutir.

—Sí usaban pequeños bloques en sus construcciones —aseveró con energía.

—¡Claro que no! —replicó Crispín—. ¿Que no leyó bien? Las hacían con lodo y ramas de árbol.

—¿Y qué es el lodo, pues?

—Tierra mojada.

—Ahí está —dijo Marbello con suficiencia.

—¿Ahí está qué? —preguntó con enojo el muchacho.

—Pues que la tierra está formada de pequeños bloques —dijo mientras agachándose tomaba un puño de tierra—. Mira Crispín, la tierra no es pareja, está formada por granitos. Nada más que no se nota fácilmente porque son granitos muy chiquitos. Es más, no le busques Cris, todo en este mundo, está formado por granitos.

—No todo, prof. Hay muchas cosas que no están formadas por granitos.

—¿Cuáles?

—Ah, pues... el agua, el vidrio, los metales... —dijo Crispín quien a pesar de haber obtenido un diez en su curso de química, no parecía realmente creer en la naturaleza atómica de la materia.

—No, Crispín. Todo eso está formado por granitos.

—¿Cuáles granos, prof? Si no se ve ninguno —dijo Crispín mostrándole su frasco de agua purificada.

—Bueno, que no los veamos no quiere decir que no existan.

—A ver, barájemela más despacio. Se me hace que me está usted vacilando.

—No, Crispín, es verdad. Todas las sustancias que existen, toda la materia, pues, está formada por unos pequeños bloquecitos, chiquitititos que no alcanzamos a ver.

—Y si no los alcanzamos a ver, ¿cómo sabemos que ahí están? —preguntó su alumno con agudeza.

—Te lo voy a contestar de este modo: imagínate que tienes en tus manos un lingote de oro...

—¡Hágamela buena!

—... y que lo partes a la mitad...

—Ya está —dijo Crispín, entornando los ojos.

—...y a una de las mitades la partes otra vez a la mitad y luego otra vez a la mitad y otra vez y otra vez...

—Ya, ya *tícher*, ya. Ya le entendí. Tendríamos que llegar a un límite. A una parte que ya no se pudiera partir a la mitad. Y esa parte, sería el granito ese famoso que no podemos ver.

—Exacto, Crispín, si no eres tan tonto como pareces...

—Su argumento es bueno pero habría que probarlo, prof. Que suene lógico no es suficiente. Por más que nos moleste que algo se pueda partir un número infinito de veces, ¿qué tal que si? ¿Qué tal que así es la naturaleza y que, en efecto, no existen esos pequeños granitos y que, por lo tanto, la materia no es granular sino continua?

—Bueno, en primera, ese argumento no es mío sino de unos filósofos griegos de la antigüedad: Demócrito y Leucipo. Y tienes razón, había que probarlo. Y, en aquel entonces, no pudieron probarlo. De hecho, su idea, aunque buena, no convenció a los pensadores de su época. La idea de que la materia era continua se mantuvo durante muchísimos siglos.

—No me extraña —contestó Crispín—. Es comprensible que esta idea se haya mantenido durante tanto tiempo puesto que se apoyaba en evidencias palpables: lo que se veía. El razonamiento de sus queridos griegos, prof, es impecable pero... sin pruebas, muy difícil de adoptar.

—Exacto, Crispín. Así es la cosa: a simple vista, no se aprecia que la materia esté formada por bloques. Hay dos posibilidades. O la materia es continua, como se creyó durante tanto tiempo, o los bloques que la forman son tan pequeños (y la resolución de nuestra vista tan débil) que no son observables.

—Pero sólo una de las dos ocurre en la naturaleza.

—Ajá. Hace menos de 200 años, en 1808, mientras los novohispanos se lanzaban a luchar por su independencia encabezados por un sacerdote, en Inglaterra, otro religioso, John Dalton, resolvía definitivamente el viejo dilema. Con base en lo que posteriormente se reconoció como una abrumadora evidencia experimental sobre la composición de las sustancias, Dalton propuso una elegante teoría que hacía evidente la naturaleza discontinua de la materia.

—Espéreme, prof, discontinua ¿significa granular?

—Así es. El trabajo de Dalton finalmente convenció a los científicos del siglo XIX de que la materia estaba formada por pequeños bloques aun cuando no fuera posible verlos. Tendrían que ser, eso sí, más pequeños que lo que nuestra vista y los microscopios de la época podían distinguir.

—¿Más pequeños que las células? Porque con un microscopio sí se puede ver una célula, incluso lo que tiene adentro.

—¡Más, mucho más! Cualquier estimación del tamaño de esos pequeños bloques se quedó... ¡inmensamente grande! Las unidades de materia, las famosas porciones indivisibles —los *átomos*—, resultaron ser muchísimo más pequeñas de lo que nadie se hubiera podido imaginar. Los átomos, Crispín, son cientos de miles de veces más pequeños que las microscópicas células que constituyen a los organismos vivos. Además son sumamente ligeros. De hecho son tan ligeros que para juntar un gramo de hidrógeno es necesario tener... ¡casi un cuatrillón de átomos!

—¡Órale!

—Sí, como lo oyes, un cuatrillón de átomos de hidrógeno apenas pesan un gramo. Por supuesto que los átomos de hidrógeno son los más ligeros que existen pero el panorama no cambia mucho con átomos de otros elementos. Por ejemplo, un cuatrillón de átomos de uranio (el elemento natural más pesado en nuestro planeta) pesa la fabulosa cantidad de... ¡238 g!

—¡Eso es lo que pesa una pelota de béisbol!

—Más o menos.

—Entonces, ¿en una pelota hay un cuatrillón de átomos?

—Hasta más porque la pelota no está hecha de uranio sino de átomos más ligeros.

—¡Un cuatrillón! ¿Eso es un millón por un millón y luego otra vez por un millón y todavía por un millón más.

—Cierto. O más fácil: un billón por un billón.

—No, más fácil un cuatrillón —zanjó con aire docto el pequeño científico que aún no tenía la edad suficiente para votar.

Marbello sonrió para sí y continuó.

—De la misma manera que las construcciones de aquellas maravillosas culturas del sur, visitadas por el abuelo de Nube Solitaria, la materia está construida por pequeños adobes, llamados átomos. Todas las sustancias están formadas por partículas. Las partículas pueden ser los propios átomos o conglomerados más complejos compuestos por varios átomos. Éstas últimas se conocen como moléculas. Algunas moléculas están formadas por átomos del mismo tipo y otras por combinaciones de átomos distintos. Se conocen más de 110 diferentes tipos de átomos. De ellos, cerca de noventa se encuentran en forma natural en nuestro planeta y el resto los ha creado el hombre en forma artificial.

—¡Ah caray! —exclamó Crispín con sincero asombro—. O sea que toda la materia está formada por partículas. Y hay de dos tipos: o simples átomos o moléculas.

—No, Crispín. Perdón, te dije mal. Hay tres tipos de partículas. Átomos, moléculas e iones.

—¿Iones?

—Sí, así se denomina a las partículas con carga eléctrica. Los átomos y las moléculas son neutros. En cambio, los iones están cargados.

—Ah, ya entiendo.

—Los átomos —siguió Marbello— poseen características muy especiales. Por ejemplo, casi toda su masa está concentrada en un pequeño núcleo cuyo radio es apenas una cienmilésima parte del radio total. Este núcleo posee carga eléctrica positiva. Alrededor de él, ocupando el resto del átomo, se encuentra la parte negativa.

—¿Un núcleo, prof, más pequeño que el propio átomo?

—Sí, Crispín, todavía más pequeño. Para que te des una idea de las dimensiones atómicas, imagínate un átomo gigantesco (y ficticio) que pesara, digamos, 1.837 kg. Este átomo sería una esfera con un radio de 100 metros en cuyo centro habría otra esferita pero ésta con radio de apenas un milímetro. La esferita con un volumen aproximado de 1 milímetro cúbico sería positiva y pesaría 1.836 kilogramos. El gramo que falta sería el correspondiente a la carga negativa y estaría distribuido en el resto del volumen, es decir, en una esferota de aproximadamente... ¡un millón de metros cúbicos!

—¿Queeé? —abrió los ojos Crispín.

—Dicho de otro modo, este átomo gigante que hemos imaginado, sería algo así como una *cabecita de alfiler* positiva (que pesa casi 2 kg) inmersa en una inmensa *nube negativa* cuyo millón de metros cúbicos apenas pesa 1 g. Los átomos, esos pequeños adobes de la naturaleza, son (toda proporción guardada) como este superátomo imaginario: pequeños núcleos positivos inmersos en enormes, pero muy ligeras, nubes de carga negativa.

—Esa sí no me la sabía.

—Las dimensiones reales de los átomos y sus componentes son inimaginablemente pequeñas, Crispín. Hagamos algunas comparaciones. Las células de los seres vivos sólo pueden ser visibles mediante un microscopio. Se miden en micras. Es decir, sus dimensiones son del orden de millones de veces más pequeñas que lo que mide un metro.

—¿Una millonésima de metro? O sea diez a la menos seis metros (10^{-6} m), ¿no?

—Ajá —contestó en forma automática Marbello sin hacerle mucho caso a la obsesión de Crispín por la notación científica—. Una sola célula puede contener billones de átomos (los que constituyen las diversas sustancias que existen en su interior). Los átomos ya no son visibles ni con la ayuda de un microscopio. Se miden en ångstroms, o sea diez mil millones de veces más chicos que un metro.

—Mmmm, diez a la menos diez metros (10^{-10} m), ¿no? —casi gritó con orgullo Crispín.

El veterano maestro se quedó sorprendido con la agilidad de Crispín.

—Los núcleos atómicos son todavía más reducidos —murmuró mientras pensaba con rapidez—. Miden del orden de diez a la menos quince metros —le escupió con picardía.

—A ver, diez a la menos seis es una millonésima —reflexionó Crispín— y... diez a la menos doce, una billonésima... mmmm, entonces ya sé... ¡mil billones de veces menos que un metro!

—¡Qué bárbaro! Si no eres tan tonto. *Nomás* la cara que no te ayuda —bromeó el profesor.

—¡Ándele, maestro Marbello! No se pase, ¿eh? —replicó Crispín riéndose—. Mejor sígale.

—Ah, bueno, mira, la carga positiva de los núcleos atómicos se debe a unas partículas aún más pequeñas llamadas protones que existen dentro de ellos. A mayor número de protones, mayor es también la carga positiva del núcleo. Lo que hace diferente a un átomo de otro es precisamente el número de protones que posee.

Los átomos del mismo tipo tienen núcleos con el mismo número de protones. Los átomos de distinto tipo tienen núcleos con otro número de protones. Por ejemplo, todos los átomos de hidrógeno poseen un solo protón en su núcleo. Y todos los átomos de uranio tienen núcleos con 92 protones.

—*Uan moment, plis*, mi profe —interrumpió el bilingüe muchacho—. Noventa y dos cargas positivas en una esferita con un radio mil billones de veces menor que un metro y ¿no se repelen violentamente? prof, creo que mejor le sigo con las aventuras de Nube Solitaria.

—*Deja te explico* —se defendió Marbello—. Además de los protones, los núcleos atómicos contienen otro tipo de partículas que no poseen carga eléctrica, a las cuales se les ha dado el adecuado nombre de neutrones. Los protones y neutrones permanecen unidos dentro del núcleo debido a la atracción de las llamadas fuerzas nucleares. Estas fuerzas son las más intensas conocidas. Los protones de un núcleo no salen disparados en todas direcciones (no obstante la fuerza de repulsión que se genera entre cargas eléctricas del mismo signo), precisamente porque la magnitud de las fuerzas nucleares es muchísimo mayor que la de las eléctricas.

—Oiga, prof, ¿y *pa'* qué sirven los neutrones?

—La presencia de neutrones ayuda a minimizar las repulsiones eléctricas y maximizar las atracciones nucleares. Por esta razón, los elementos más ligeros tienen el mismo número de protones y neutrones. Conforme el número de protones se va incrementando se requiere de un mayor número de neutrones por protón. Pero, sabes qué, Crispín, tengo que ir un rato al salón de maestros, ¿no te importa si continuamos después?

—Sale, porque usted ya se está poniendo muy *grueso*. Yo mejor le sigo con Nube Solitaria.

3

Tú y las nubes

La densidad de la nube electrónica se incrementa
cerca del núcleo y disminuye lejos de él.

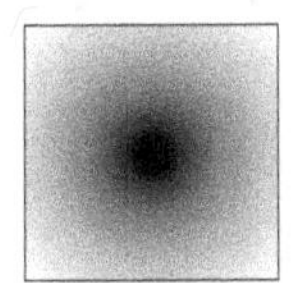

En los días siguientes, después de sus labores en los maizales, Nube Solitaria aprovechó para estar cerca de su bisabuelo el mayor tiempo posible. Piedra Rodante resultó ser un gran conversador. Pasaba largas horas frente a la hoguera platicando sus emocionantes aventuras en el sur. Pronto, Nube y su hermana Luz de Luna fueron capaces de corregir al bisabuelo cuando volvía a contar algunas de sus anécdotas.

En una ocasión, Piedra Rodante interrogó a Liebre Cola de Algodón sobre el nombre de Nube Solitaria.

—Gran Relámpago se lo puso —respondió la orgullosa madre—. Cuando Nube nació, teníamos varios meses esperando la llegada del búfalo. Aunque había maíz suficiente, pronto se necesitaría la carne. Los hombres habían partido en distintas direcciones en busca del búfalo. Nadie tuvo suerte excepto Gran Relámpago. Después de varios días, la partida que él dirigía, al asomarse por una saliente de la montaña, descubrió un inmenso valle. En el centro de la planicie, un pequeño cerro se erguía. Una nubecita blanca flotaba encima de aquel cerrito. Era una señal de los dioses. Un instante después, un murmullo sordo empezó a invadir todo el valle. Y al poco rato, los amarillos pastizales se tiñeron con la piel marrón de los búfalos. Al regresar a la aldea, Gran Relámpago de la Pradera conoció a su pequeña hija. Decidió llamarla Nube Solitaria para que, así, siempre la protegiera el Gran Espíritu de las Nubes.

Nube Solitaria recorrió el horizonte con la mirada. Luego la dirigió hacia sus hermanas nubes. Sus párpados, egoístas, se cerraron y privaron al mundo, por un instante, de la hermosura de sus ojos. Nube Solitaria miró en su interior. Se vio a sí misma flotando en medio de un gran valle. Y, al bajar la vista, descubrió una pequeña colina perdida en la inmensidad de la llanura.

—Atrás, Crispín —gritó Josué apurado.

Crispín hizo la finta de tirar hacia la canasta pero, sin voltear a verlo, dio el pase atrasado que le pedía su compañero. Inmediatamente corrió hacia adelante. Cerca de la canasta, brincó y, mientras brincaba, volteó sobre su hombro y recibió el pase de Josué. Así en el aire, giró y lanzó el balón contra el tablero. Éste, después de rebotar, salió disparado en un ángulo inesperado hasta alcanzar el aro, donde recorrió dos veces su perímetro, antes de caer finalmente, adentro.

—Bravo, Crispín —gritó emocionado Josué.

Era el punto número 21 y la pareja Crispín-Josué se había impuesto a sus rivales en turno. Crispín y Josué eran buenos basquetbolistas. No era raro que salieran victoriosos. Josué era alto y corpulento. Crispín era ágil y veloz.

Marbello también había sido un buen basquetbolista. En México, hay una cancha de basquetbol, aun en los pueblos más apartados. Y San Martín Cuilapa no era la excepción. La secundaria donde Marbello estudió y la secundaria donde ahora daba clases, ambas, tenían su cancha de *básquet*.

Por eso, porque le hacía recordar sus tiempos de colegial, Marbello acostumbraba observar a los chicos mientras practicaban este deporte.

—Felicidades, Crispín, esas monerías no te las conocía.

—Gracias. La física no es lo único importante en la vida. ¿No es eso lo que dice usted?

—Así es Crispín. No sólo de pan vive el hombre. Ten, mira, te invito de mi refresco. No te vaya a pasar lo que a Nube Solitaria y te evapores y vueles y te conviertas en nube.

—Gracias, prof.

Crispín apuró medio refresco y por fin exclamó:

—¡Aaaah! Qué rico. Gracias otra vez —suspiró mientras recobraba el aliento—. A propósito de Nube Solitaria, ¿dónde leyó eso de que el electrón es una nube de carga?

—En los libros de física. ¿Dónde más? —bromeó Marbello.

—Lo que pasa es que hay algo que no cuadra, prof —provocó Crispín a Marbello.

—¿Qué es lo que no cuadra? —cayó en la provocación Marbello.

—Usted dice que un átomo, digamos el más simple, el de hidrógeno, es un núcleo positivo inmerso en una nube electrónica negativa, ¿no?

—Ajá.

—¡Ahí está! Eso es lo que no cuadra. Deberían atraerse la parte negativa y la positiva. Y no veo cómo se están atrayendo.

—¡Ah!, es eso. Por supuesto, Crispín, una nube electrónica y esa nube que ves allí, arriba de nosotros, son muy pero muy diferentes. Pero se parecen. Esa es la cosa. Mira Crispín, el asunto va más o menos así.

El viejo maestro, emocionado, se puso en pose de dar cátedra.

—Ya te dije antes que los átomos y sus componentes son entidades muy ligeras. Bueno, pues existen leyes de la naturaleza cuyos efectos sólo son apreciables para estos sistemas. Estas leyes fueron descubiertas, a principios de este siglo, por los físicos de la época. Así es que la descripción de estos entes tan livianos se tiene que hacer a partir de estas leyes que te menciono. Dicha descripción se hace a través de la mecánica cuántica, una de las ramas de la física moderna. Esta descripción consiste en formulaciones matemáticas más o menos complejas.

—Bravo, prof, esa voz me agrada. Pero ¿y la nube?

—Bueno pues los resultados de la mecánica cuántica, para un átomo como el de hidrógeno, se pueden interpretar así: como un núcleo positivo rodeado por una nube de carga negativa.

—¡Se pueden interpretar! Eso quiere decir que un electrón NO es una nube.

—Cierto.

—Y que la interpretación como una nube, no es la única que hay.

—También cierto.

—Sale, prof, no hay bronca, continúe.

Pero Marbello, enfadado, no continuó sino que regresó al punto en discusión.

—Eso quiere decir, pequeño soberbio, que hay que reconocer tres niveles. Uno, la realidad, sea lo que sea (si es que es algo) y la cual, bien a bien, no sabemos cómo es. Dos, el conocimiento que tenemos de esa realidad después de preguntarle mucho a través de todos los experimentos que podamos imaginar y de pensarle mucho a esos resultados y de tratar de organizarlos y de interpretarlos. Esto es lo que se conoce como ciencia y que normalmente se enuncia en un conjunto de afirmaciones y postulados que, en el mejor de los casos, se pueden expresar en un lenguaje conciso y abstracto que se llama matemáticas. Y, tres, que para explicar los resultados de la mecánica cuántica sin tener que revisar los detalles matemáticos de esta hermosa teoría, a plebes como tú que no saben todavía cómo resolver una ecuación diferencial de segundo grado, los buenos maestros lo hacemos a través de analogías. ¿Entiendes? —terminó orgullosamente su perorata, Marbello.

Sin embargo, Crispín, a sus 15 años, entusiasmado con las revelaciones que su joven vida de escolar le hacía día con día, se encontraba lejos de las preocupaciones epistemológicas de su profesor. Así es que, sencillamente, le respondió así:

—Uno, la realidad, dos, el conocimiento que creemos tener de ella y, tres, la manera más simple de explicar esos conocimientos, ¿no? Y, por lo tanto, que la imagen del electrón como una nube de carga es una analogía conveniente para explicar cómo son los átomos pero que, aunque esté de acuerdo con la explicación científica que dan los investigadores, no hay que tomarla literalmente porque, después de todo, sólo es eso: una analogía, ¿no?

—¡Exactamente, Crispín!, eso es lo que quise decir —exclamó Marbello con alegría.

—Bueno, pues eso me hubiera dicho. ¿Para qué me tira tanto rollo?

—¡Vaya! Ahora resulta que los patos les tiran a las escopetas —comentó el experimentado profesor con ironía.

—Sale, prof, ya estamos: de los estudios bien hechos sobre los átomos se puede interpretar que el átomo consiste en una parte positiva muy compacta sumergida en la vaporosa parte negativa. ¿Y luego?

—Bueno, pues sí se atraen. ¡Claro que se atraen! ¿Y sabes por qué lo sabemos, Crispín? Porque a diferencia de las nubes verdaderas, donde la densidad es más o menos igual en todas sus partes, en las nubes electrónicas la densidad no es igual en todas partes.

—¿Cómo, prof?

—Dado que hay una carga positiva en el centro, la nube se aglomera a su alrededor, de tal modo que el núcleo positivo va a atraer la mayor cantidad de nube que se pueda. Esto hace que la densidad de la nube se incremente cerca del núcleo, y disminuya lejos de él. Es decir, debido a la atracción del núcleo, la nube no puede tener la misma densidad en todas sus partes. Será muy densa cerca del núcleo y muy poco densa lejos de él.

Preparado, Marbello sacó su cuaderno de notas y rápidamente hizo un dibujo (véase figura 3.1).

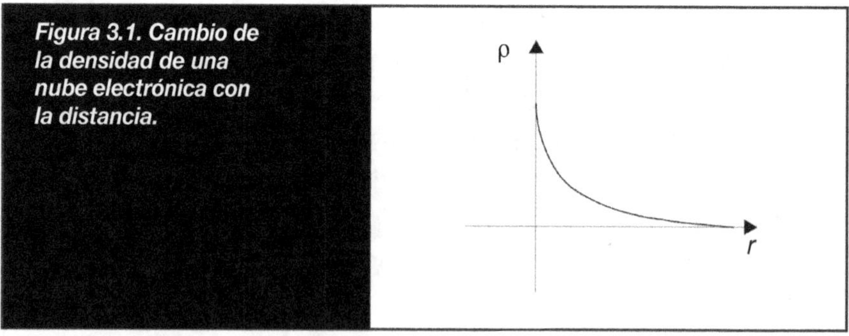

Figura 3.1. Cambio de la densidad de una nube electrónica con la distancia.

—Mira, muchacho, ésta es la gráfica de la densidad que se obtiene de la mecánica cuántica. Muestra cómo varía la densidad de carga con la distancia. Como ves, la densidad de la nube va disminuyendo paulatinamente conforme nos vamos alejando del núcleo. Es decir, que el átomo de hidrógeno sería más o menos así.

Inmediatamente, Marbello realizó otro dibujo (véase figura 3.2).

—Ahí está, la representación de un núcleo positivo envuelto por una nube electrónica. Si te fijas, la nube está fuertemente concentrada cerca del núcleo y luego se va desvaneciendo poco a poco conforme se aleja. La nube electrónica no es estática, sino que tiene movimiento. Este movimiento es un movimiento de rotación o, más propiamente dicho, un movimiento angular.

Crispín no dijo nada. Recogió su balón de *básquet* y discretamente lo hizo girar sobre su dedo índice.

—En física —continuó el profesor—, el movimiento angular se representa por una flecha llamada momento angular. Su símbolo es la letra L. El tamaño de la flecha muestra la cantidad o magnitud del movimiento angular y el sentido de la flecha está relacionado con la dirección en que se realiza el movimiento angular.

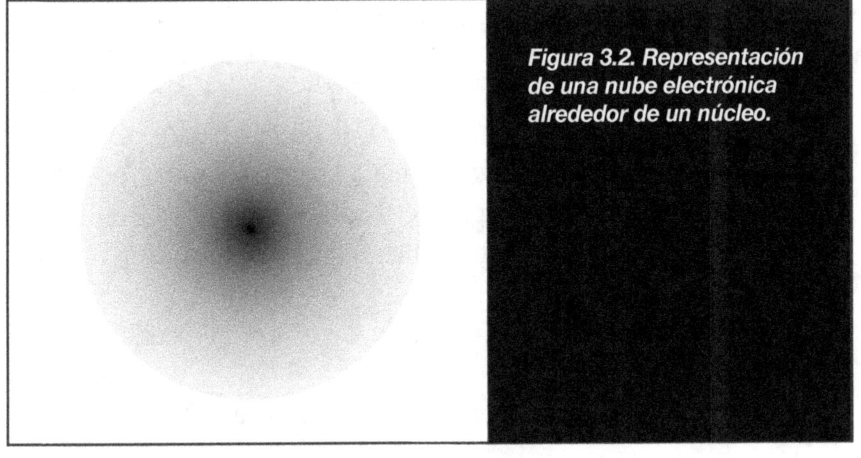

Figura 3.2. Representación de una nube electrónica alrededor de un núcleo.

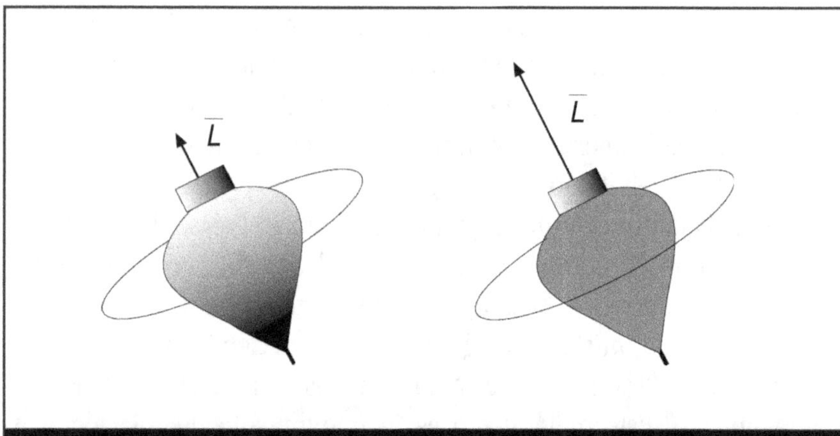

Figura 3.3. El trompo de madera tiene mayor cantidad de movimiento angular que el de plástico porque posee más masa.

A un lado de los dibujos anteriores, Marbello siguió dibujando mientras explicaba.

—La magnitud del momento angular depende de la masa, la velocidad y el radio. Un trompo de madera posee mayor momento angular que uno de plástico debido a que posee mayor masa (véase figura 3.3). Para dos ruedas de la fortuna idénticas, pero una girando despacio y otra rápidamente, el momento angular de la primera será menor que el de la segunda puesto que se mueve a menor velocidad (véase figura 3.4). Del mismo modo, para dos ruedas de la misma masa y girando a la misma velocidad pero de tamaños diferentes, la más grande tendrá un mayor movimiento angular que la más chica debido a la diferencia existente entre sus radios (véase figura 3.5).

—*Péreme*, prof, ¿el vector momento angular es perpendicular al plano en que...

—Sí, perdón Crispín, no te lo dije. En efecto, la flechita siempre

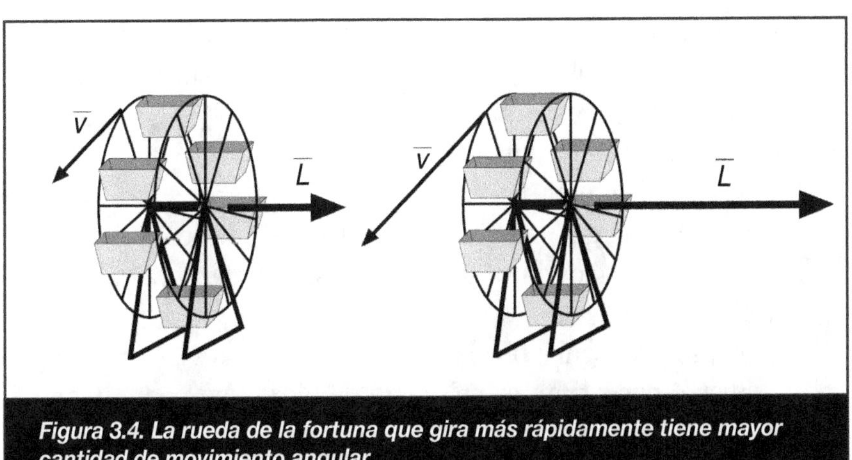

Figura 3.4. *La rueda de la fortuna que gira más rápidamente tiene mayor cantidad de movimiento angular.*

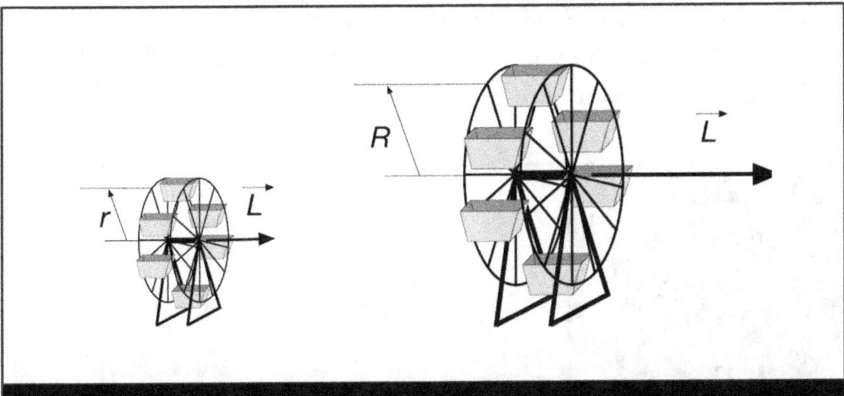

Figura 3.5. *La rueda de la fortuna más pequeña tiene menos momento angular que la grande.*

es perpendicular al plano en que gira el sistema. Además el sentido de la flecha está relacionado con el sentido del giro: hacia abajo representa un giro en el sentido de las manecillas del reloj y hacia arriba uno en contra del sentido de las manecillas.

—A ver si lo estoy siguiendo, profe. La nube electrónica tiene un movimiento angular que se puede representar con un vector como ocurre con cualquier otro sistema que se encuentre girando, ¿no?

—Claro. Si quieres lo puedo dibujar de otro modo. ¿Te parece que dibuje la nube con un simple circulito?

—Sí, está bien, prof.

—Pero, conste que la nube es más densa cerca del núcleo que lejos de él. Y si sólo dibujo un círculo, esa característica ya no se va a notar, ¿oquei?

—Sí, prof. No se me olvida.

—Bueno, pues entonces un átomo de hidrógeno podría representarse así... o así (véase figura 3.6).

—¿Por qué dos dibujos?

—La nube puede estar girando en una u otra dirección. Son dos estados equivalentes pero los dos son posibles.

—Oiga, prof, ¿no quedamos en que el momento angular se representaba con la letra *L*?

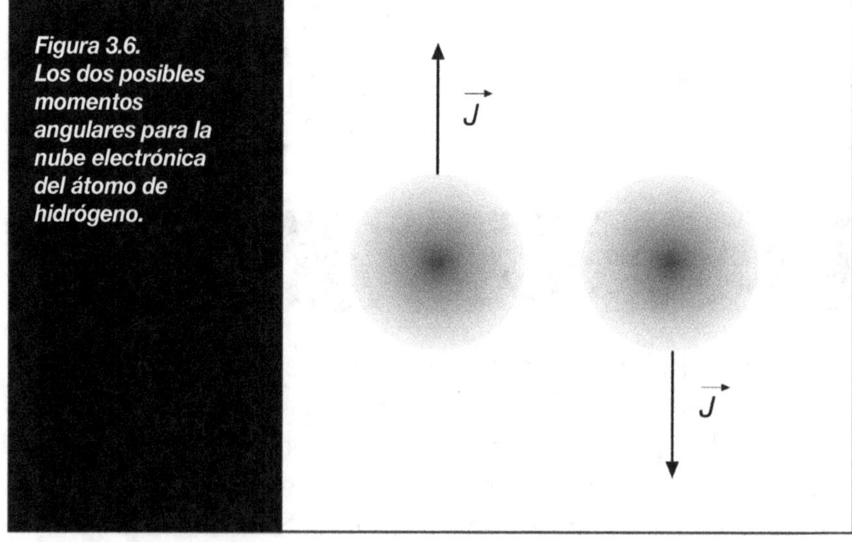

Figura 3.6. Los dos posibles momentos angulares para la nube electrónica del átomo de hidrógeno.

—Bueno, *J* corresponde a la suma vectorial del momento angular orbital, *L*, análogo a un momento angular clásico y de otro momento angular llamado intrínseco o de espín, *S* de naturaleza exclusivamente cuántica —ahora, Marbello no sólo hizo otro dibujo (véase figura 3.7), sino que además garrapateó una ecuación:

$$\overline{J} = \overline{L} + \overline{S}$$

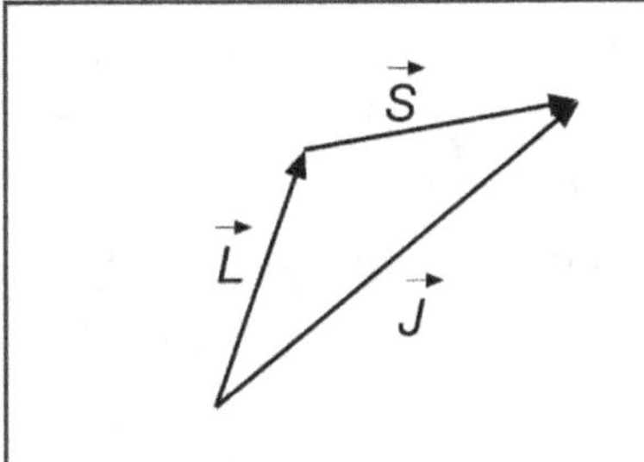

Figura 3.7. Suma vectorial del momento angular clásico, L, y el momento angular de espín, S.

—¡Ah caray! Es una suma de vectores, ¿verdad?

—Ajá. Te digo que se pueden representar burdamente como flechitas. Pones una a continuación de la otra y luego trazas una tercer flecha desde el inicio de la primera hasta la punta de la segunda.

—¡Órale! —exclamó Crispín como hacía siempre que estaba realmente sorprendido.

—Curiosamente —continuó Marbello—, si se hacen las operaciones matemáticas adecuadas, se encuentra que para este estado del átomo de hidrógeno, el momento angular *L* vale cero. O sea que el momento angular total *J* es igual al momento angular de espín *S*...

—"De naturaleza exclusivamente cuántica" —completó la frase Crispín—. Eso dijo usted hace un ratito. ¿Podría explicarme exactamente qué es eso de naturaleza cuántica?

—No.

—¿Queé? —se sorprendió Crispín.

—Que no creo poder explicarte eso. Quizá podría intentarlo, pero... ¡No! Definitivamente, no. Es que todo eso *está muy loco*. Además, nos saldríamos del tema. Y quizás sólo te confundiría.

—¿Máaas? —acotó burlonamente, Crispín.

—Mira, tiene que ver con una cosa que se llama naturaleza dual onda-partícula de la materia. Y tiene como consecuencia que algunas propiedades no pueden tomar valores continuos sino discretos y que otras no se pueden determinar con toda precisión sino... ¡Por favor, Crispín! No me obligues a hablarte de esto.

—Está bien, prof. No lo obligo ahorita. Lo dejo que me siga explicando lo que me iba a explicar y yo le creo y ya. Pero me lo explica hasta el final, ¿sale?

—Perfecto, te lo explico hasta el final —dijo Marbello con un gesto de malicia.

—Ah no, no se vale. ¿Hasta el final de qué?

—De Nube Solitaria. Hasta que acabes de leer las aventuras de Nube Solitaria, ¿de acuerdo?

—Está bien, de acuerdo.

—Bien, ¿en qué íbamos?

—En que... Oiga, prof, usted me contó, o yo lo soñé, ¿que toda carga en movimiento genera un campo magnético?

—Pues, este, no sé, pero... sí, sí es cierto: toda carga en movimiento genera un campo magnético.

—Pues entonces la nube electrónica debería tener propiedades magnéticas.

—Por supuesto, Cris, el movimiento angular de la nube electrónica hace que ésta se comporte como un dipolo magnético. En otras palabras, una nube electrónica se comporta como un pequeño imán. Si ponemos un átomo de hidrógeno dentro de un campo magnético, la nube electrónica se reorientará a modo de hacer coincidir su polo norte con el polo sur del campo externo.

—¿Sabe qué? El dipolo magnético se tiene que representar con un vector.

—Ajá, ¿cómo supiste?

—Pues porque ya me fijé que siempre que una propiedad tiene dirección se tiene que representar con una flechita, como dice usted.

—Cierto. Este dipolo magnético está caracterizado por un parámetro llamado momento magnético, el cual se puede determinar a partir del momento angular J. Como para una sola nube electrónica, J sólo puede tomar dos valores: uno positivo o uno negativo, el momento magnético también sólo puede tomar dos valores: uno negativo o uno positivo.

—¿Por qué sólo pueden tomar dos valores?

—¿En qué quedamos Crispín? Dijimos que no te voy a explicar nada de eso sino hasta el final.

—Perdón, prof. No sabía que tenía que ver con "la naturaleza cuántica". ¡Uf!

—Ahora —continuó Marbello—, en un átomo o una molécula, donde hay un gran número de electrones, si hay tantas nubes electrónicas con momento magnético positivo como las hay con momento magnético negativo, el momento magnético total será cero. Dicho átomo o molécula no tendrá propiedades magnéticas. En cambio, si hay más nubes electrónicas con momento de un signo que del otro, el resultado total será diferente de cero y el átomo o molécula sí tendrá propiedades magnéticas.

—¿Como el hierro y otros materiales magnéticos?

—Ajá.

—Oiga, prof, usted dijo hace rato "el átomo de hidrógeno, en este estado", eso quiere decir que el átomo de hidrógeno puede estar en "otros estados".

—Exacto, Crispín. Pero ese es otro tema interesantísimo. Tendríamos que dedicarle más tiempo. ¿Te parece que lo dejemos para otra ocasión?

—Claro, prof, no se preocupe.

—Bueno, pues nos vemos luego.

—Nos vemos, prof.

¡Qué nivel!

De pronto, Nube sintió vértigo. Su vista se nubló.
Sus piernas flaquearon. Su mente y su cuerpo
parecieron caer en un profundo abismo.

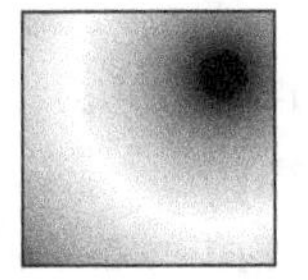Una silueta atravesaba el bosque. Nube Solitaria corría radiante entre los árboles. La esbelta muchacha parecía flotar sobre sus hermosas piernas. Su bello cuerpo, joven y atlético, avanzaba sin dificultad. Nube Solitaria iba en busca de sus orígenes. Y, quizá, sin saberlo, en busca de su futuro.

Nube Solitaria corrió con destreza. Saltó con agilidad. Trepó con fuerza. Tenía que encontrar aquel cerro y aquella nube. Tenía que verse a sí misma.

La joven india vislumbró un claro en el bosque. Una inmensa llanura se extendía ante sus ojos. ¡Era el valle de los búfalos! ¡Su valle!

Sin embargo, desde ese nivel no se apreciaba el anhelado cerro. Nube Solitaria decidió subir a la montaña. Conforme Nube fue ascendiendo, el paisaje se fue transformando. Poco a poco, desaparecieron los árboles que estorbaban la vista. Y en su lugar fue apareciendo la gran llanura. No era suficiente, había que subir más, otro nivel, muchos más.

Por fin, logró ver el valle en toda su extensión. Y, ahí, como catorce años antes, un pequeño cerro desafiaba a la planicie, coronado con una blanca nube solitaria.

La bella joven se acuclilló sobre una enorme peña. Y, desde ahí, se contempló a sí misma. Acuclillada sobre esa extraña protuberancia de la tierra se vio ella misma agazapada en la montaña. Y vio el Gran Río que serpenteaba atravesando el valle y que se perdía luego, detrás del singular cerro.

"¿A dónde llega el Gran Río?", se preguntó la hermosa princesa hidatsa. Desde ahí, a ese nivel, no lo podía ver. Tenía que subir más aún si quería conocer la respuesta. Pero ya no había más camino. Sólo roca escarpada.

La intrépida mujer decidió escalar. Sintió que el final del río tenía que ver con ella misma. Con su propia vida.

Nube Solitaria ascendió hasta la cima de la montaña. Ahora sí, Nube Solitaria apreció todo el conjunto del paisaje. Detrás del cerro, detrás de la nube, detrás de la verde pradera, el río se convertía en una enorme mancha de color grisáceo que se confundía con el horizonte. No era otro valle. No. Era algo más atractivo. Era el mar.

De pronto, Nube sintió vértigo. Su vista se nubló. Sus piernas flaquearon. Su mente y su cuerpo parecieron caer en un profundo abismo.

Algunas horas después, Nube Solitaria despertó, con golpes y rasguños por todo el cuerpo, en la ladera de la montaña. Un cálido vapor en el ambiente le hizo reconocer a su siempre atento espíritu protector.

Nube estaba inquieta. No porque estuvo a punto de perder la vida, sino porque durante su desmayo tuvo una extraña visión: detrás de ella, remando río arriba, su gente regresa al campamento hidatsa; arriba, una nube y un ave atraviesan el cielo; a su lado, un valeroso guerrero la espera con amor; enfrente, el mar parece llamarla con una voz misteriosa y seductora.

Y ella no sabe qué hacer.

Crispín, emocionado, escuchaba la voz rítmica y precisa de su profesor y le pareció que esa voz era un líquido o un gas que salía de la garganta de Marbello y que, poco a poco, se difundía por el salón de clases y que iba llenándolo hasta colmarlo. La historia de Nube Solitaria en la voz del profesor Marbello había cobrado otra dimensión. Crispín estaba impresionado. Inevitablemente, le dio a Nube Solitaria el rostro de Julia, su novia. Y, aunque sabía que eso era imposible, creyó que era Julia la que dudaba en la desembocadura del río y que era él, Crispín, quien dulcemente la subiría a la canoa india para llevarla a recorrer el mar.

—Caramba, prof, ¡qué padre estuvo este capítulo!

—¿Te gustó?

—Claro que sí. Pero, como que da miedo, ¿no?

—¿Por qué?

—No sé, cuando leyó usted ese pasaje, yo sentí como si fuera yo quien escalaba la montaña —mintió el muchacho.

—Bueno, lo que pasa es que el arte tiene más que ver con las emociones, con los sentimientos, con los estados de ánimo...

—Como los estados del átomo —trató de cambiar la plática el joven enamorado.

—¡Crispín! No compares.

—Perdón, prof, se me vino a la mente así nomás.

—Pero estamos hablando de las emociones, de la literatura, del amor...

—Oiga, prof, usted me prometió que íbamos a hablar de los estados atómicos. No se haga...

—De acuerdo, pero poco a poco. No creas que es tan fácil saltar de Nube Solitaria a Schrödinger.

—¿Quién?

—Schrödinger, Erwin Schrödinger, el físico austríaco que desarrolló la mecánica cuántica u ondulatoria para describir la estructura de los átomos. Este gran científico, a partir de las ecuaciones que describen el comportamiento ondulatorio e incorporando eso que te dije que todavía no te voy a explicar, o sea la naturaleza dual de la materia, desarrolló un modelo matemático que sirve para describir las entidades físicas más ligeras, como son los constituyentes de los átomos. El núcleo positivo sumergido en una nube negativa sería algo así como la *imagen* del modelo atómico de Schrödinger. Claro que esta imagen, comparada con el modelo propuesto por Schrödinger, es como una caricatura respecto a un retrato. Pero, al menos nos da una idea de cómo son los átomos. Y tiene que ser así. Hay quien dice que la mecánica cuántica es la obra intelectual más grande realizada por el ser humano —Marbello, un ferviente admirador de la capacidad humana, suspiró.

—¿Qué onda con los otros estados del hidrógeno, prof? —lo interrumpió Crispín con su acostumbrada delicadeza.

—A eso voy, Crispín. Cualquier átomo puede estar de muy diferentes maneras, dependiendo de la forma y la distribución de sus nubes electrónicas. Lo que te platiqué antes del átomo de hidrógeno sólo es una de tantas maneras en que puede acomodarse la nube: con simetría esférica, rodeando al protón. Pero, mira... —Marbello se volteó hacia el pizarrón, tomó un gis y se aprestó a satisfacer otra de sus grandes pasiones: el dibujo—, ésta es otra manera (véase figura 4.1). Lo que se ve es una deformación de la nube.

—Está partida en dos, prof.

—En efecto, Crispín. Es como si hubiera un plano imaginario que dividiera la nube en dos partes iguales.

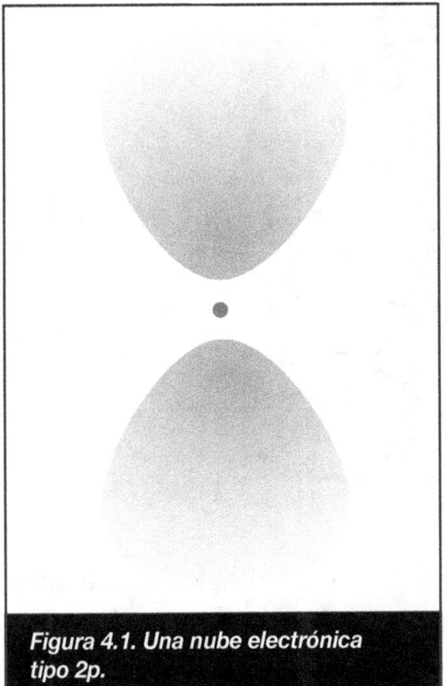

Figura 4.1. Una nube electrónica tipo 2p.

De este modo, la mitad de la nube (o sea, la mitad de su carga y la mitad de su masa), está por arriba de dicho plano mientras que la otra mitad está por debajo. Cuando la nube electrónica tiene esta forma se dice que el átomo de hidrógeno se encuentra en el estado *dos-pe* ($2p$). El estado que ya antes te había mostrado se llama *uno-ese* ($1s$). Aquí están los dos juntos para que los veas (véase figura 4.2).

—¿Qué tan fácil es que el átomo de hidrógeno se encuentre en el estado... ¿cómo dijo que se llama?... ¡ah, sí!, ¿$2p$?

—¡Nada fácil! Si te fijas en el estado $2p$, la nube electrónica está, en promedio, más lejos del núcleo que en el estado $1s$. Es decir, se ha deformado la nube y se ha alejado del núcleo. Esto cuesta ener-

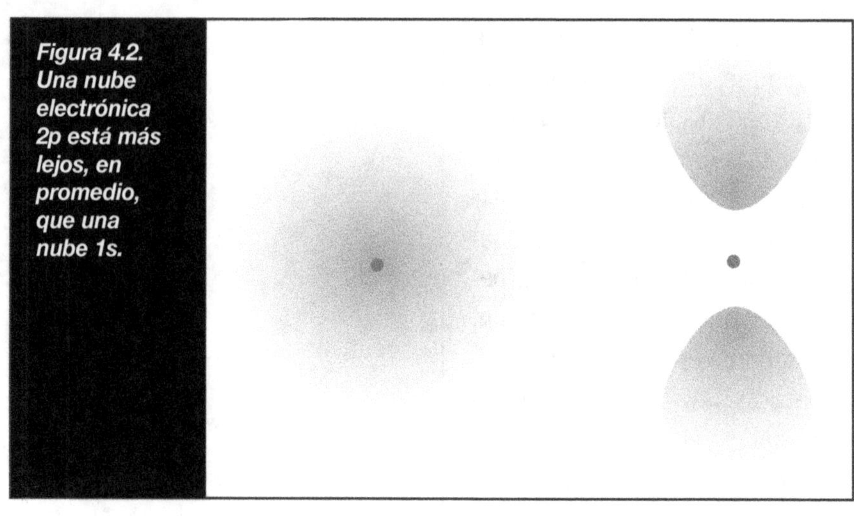

gía. El átomo de hidrógeno puede estar de esta manera, $2p$, siempre y cuando consiga energía de algún modo. Si no, no.

—¡Cámara!

—Además difícilmente se estabilizaría en este estado. Es decir, de llegar a este estado, casi inmediatamente se regresaría al estado $1s$, que es el estado de más baja energía o basal. Dado que la nube electrónica y el núcleo poseen cargas opuestas, la nube tiende, en forma natural, a estar lo más cerca posible del núcleo.

—¿Y no se puede que una mitad quede adelante y otra atrás? —dijo Crispín con gran agudeza.

—¡Por supuesto! Y también que las dos mitades queden a la izquierda y la derecha. Así: (véase figura 4.3). O sea que hay tres posibilidades para una nube de tipo 2p. Tienen la misma forma pero distinta orientación. Se les da el nombre correspondiente a los ejes coordenados: *dos-pe-equis* ($2p_x$), *dos-pe-ye* ($2p_y$) y *dos-pe-zeta* ($2p_z$)

—Oiga, prof, ¿por qué se llaman así tan feo?

—La letra es para distinguir las formas de las nubes electrónicas.

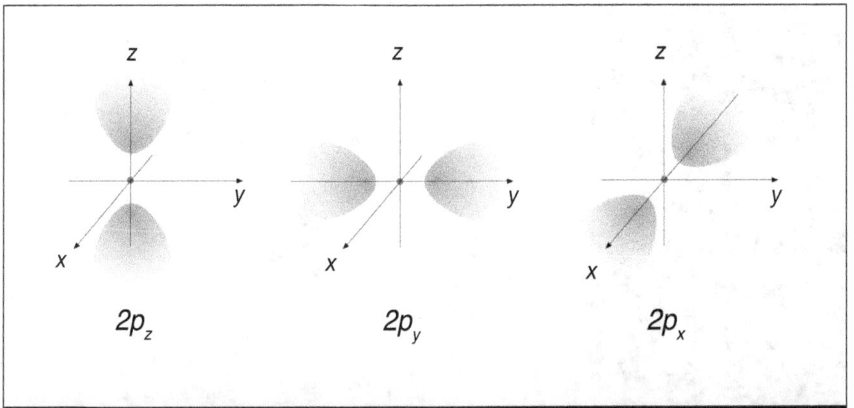

Figura 4.3. Las tres nubes electrónicas de tipo 2p.

Además de *ese* y *pe* están las formas *de, efe, ge, hache*[3], (*d, f, g, h*), etcétera. Y los números sirven para distinguir los niveles de energía. En el primer nivel de energía sólo hay una posibilidad: el estado *1s*. En cambio, en el segundo nivel hay cuatro posibilidades.

—¿Cuatro?

—Perdón. Se me olvidó mencionarte la *2s* (véase figura 4.4).

—También está partida en dos.

—En efecto. A una cierta distancia, hay un corte. Ahora la superficie que divide a la nube no es plana sino curva. De hecho es una superficie esférica que separa en dos a la nube, de tal manera que se tienen una pequeña esferita cercana al núcleo y otra de mayor tamaño que la envuelve.

---

[3] El nombre de las primeras letras proviene de las líneas espectrales que se observan en la luz que emiten los átomos cuando se les da suficiente energía. Dichas líneas están asociadas con los subniveles de energía y responden a las características que los espectroscopistas observaron en ellas. La letra *s* viene del inglés *sharp*, la *p* de *principal*, la *d* de *diffuse* y la *f* de *fundamental*. Las demás formas de nubes electrónicas se nombran con las letras que siguen de la f en orden alfabético: g, h, i, etc.

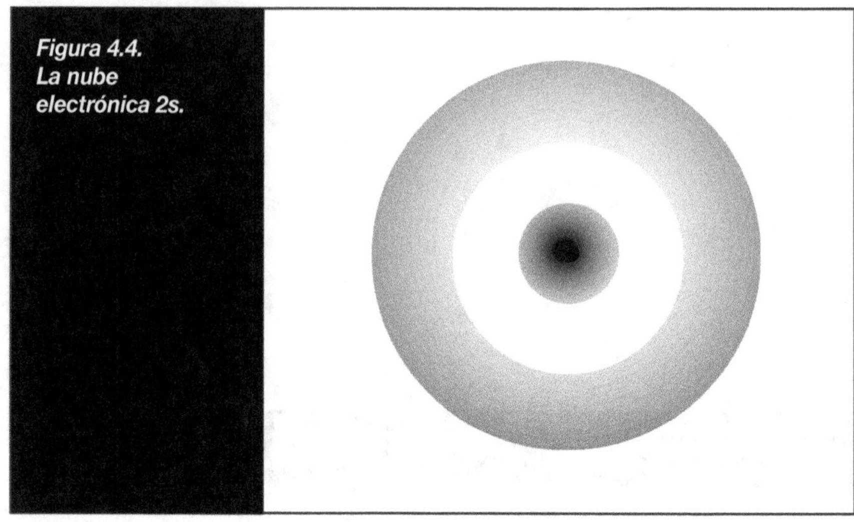

—Entonces, también tiene más energía que la 1s, ¿no?

—¡Claro! De hecho tiene la misma energía que las 2p. La energía de cada estado depende del número de superficies de corte (o nodales como se llaman correctamente). En el primer nivel no hay superficies nodales que subdividan la nube electrónica. Por eso sólo hay una posibilidad: la 1s. Aquellos estados en que la nube está dividida por un solo corte, o dicho de otro modo, por una sola superficie nodal, tienen una mayor energía; de hecho, la que corresponde al segundo nivel de energía. De la mecánica cuántica se desprende que para esta energía, existen cuatro posibilidades. Una, cuando la superficie nodal se presenta a cierta distancia, dando lugar a una superficie esférica. Se trata del estado 2s. Y las otras tres, cuando la superficie se presenta en ciertas direcciones, es decir un plano que divide a la nube en dos. Se trata de los estados $2p_x$, $2p_y$ y $2p_z$.

—A ver, prof, déjeme adivinar. Para el tercer nivel, se van a requerir dos cortes. Bueno, más bien, la nube electrónica va a estar dividida por dos superficies nodales.

—¡Brujo! Ahora van a ser nueve posibilidades. Un estado $3s$, con dos superficies esféricas a diferentes distancias. Tres estados de tipo p, los $3p_x$, $3p_y$ y $3p_z$, con una superficie esférica y un plano cada uno de ellos. Y, finalmente, otros cinco estados, cada uno con dos planos nodales. Son los $3d$. Mira, te los voy a dibujar para que los puedas ver (véase figura 4.5).

—Prof, ¿me deja echar otra adivinada? En el cuarto nivel va a haber 18 posibilidades y en el quinto, treinta y seis, ¿no?

—No.

—¿No?

—No, van a ser dieciséis. El $4s$, los tres $4p$, los cinco $4d$ y otros siete, los $4f$.

—Ah, entonces en el quinto nivel hay veinticinco posibilidades y, en el sexto, ahora sí, 36.

—Ajá, es verdad. ¿Cómo le hiciste?

—Fácil, nivel uno, una posibilidad; nivel dos, cuatro posibilidades; nivel tres, nueve; nivel cuatro, dieciséis. Se da cuenta, prof... ¡es el número de nivel al cuadrado!

—¡Bravo, Crispín! Te felicito.

—También ya entendí otra cosa. Usted sólo dijo que la letra se refiere a la forma de la nube. Pero hay algo más, la letra me dice cuántos planos nodales hay: en s, ninguno; en p, uno; en d, dos; en f, tres, en g, cuatro; en h, cinco, etcétera. Y los números me dicen cuántas superficies hay en total, es decir la suma de las esféricas y las planas: 1, ninguna; 2, una; 3, dos; 4, tres; 5, cuatro, y así se sigue. O sea, si al número del nivel le resto uno, obtengo el número total de superficies nodales.

—Sí, exacto, hay un orden muy preciso.

—Pero, entonces, hay un *titipuchal* de posibilidades.

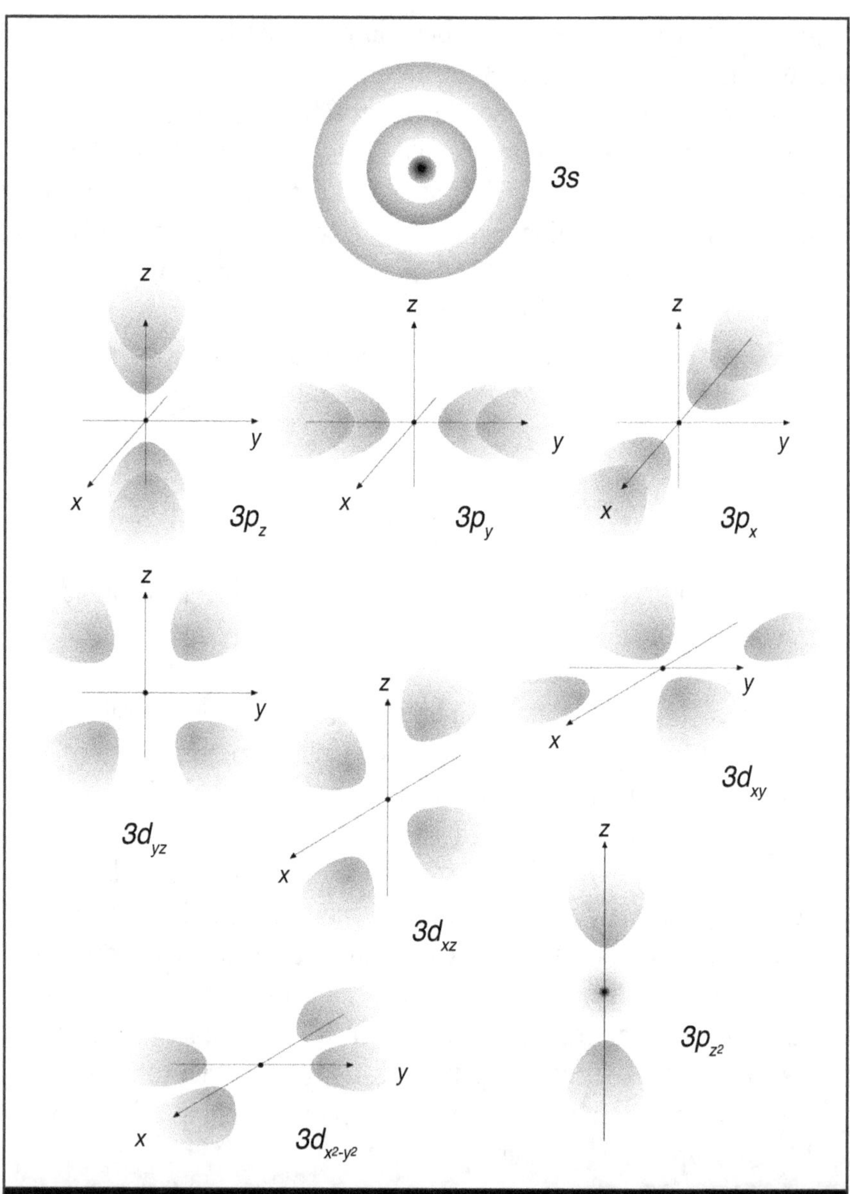

Figura 4.5. Las nubes electrónicas del nivel 3.

—En realidad, las posibilidades son infinitas y hay un número infinito de posibles estados en los que se podría encontrar el átomo de hidrógeno. Un esquema más completo de los posibles estados de un átomo de hidrógeno podría ser éste (véase figura 4.6). Un átomo de hidrógeno sólo puede estar en uno de ellos a la vez. Normalmente está en el estado *1s* porque es el estado de más baja energía, llamado estado base o, mejor dicho, basal. Si, por alguna razón, absorbe energía, entonces puede alcanzar alguno de los estados de mayor energía. Pero, casi inmediatamente se regresaría al *1s*.

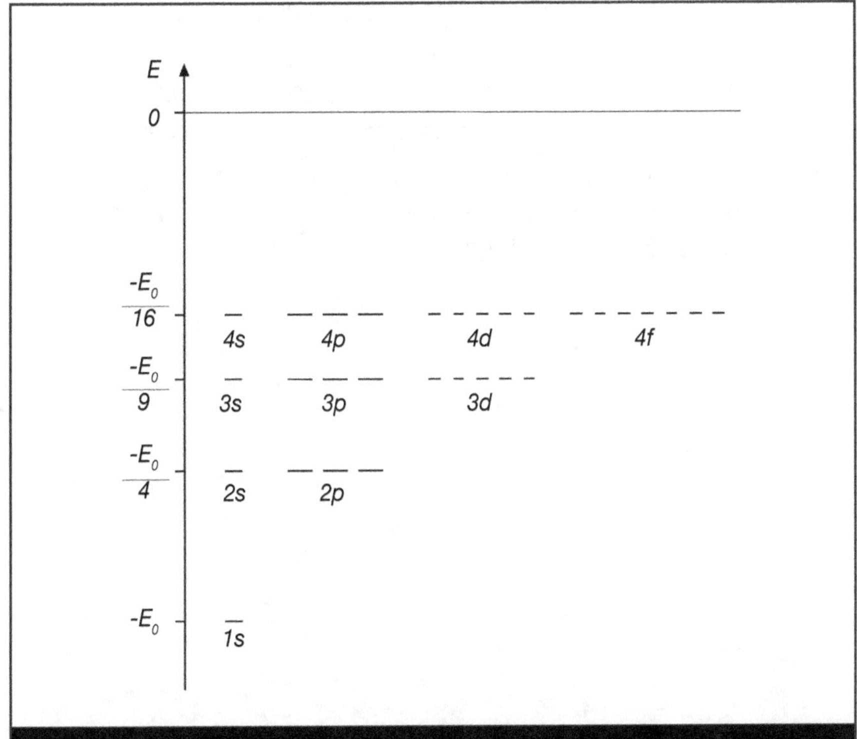

Figura 4.6. Niveles de energía del átomo de hidrógeno.

—Oiga, prof, ¿puede haber energías negativas?

—Bueno, es sólo una convención. Las energías negativas representan situaciones de atracción electrostática y las positivas de repulsión. Es una convención adecuada porque coincide con el signo del producto de dos cargas. Acuérdate que la fuerza eléctrica depende del producto de las cargas y, si los signos son opuestos, esas cargas se atraen. Matemáticamente sabemos que el producto de signos opuestos es negativo mientras que el de signos iguales es positivo. La atracción corresponde al producto negativo mientras que la repulsión al positivo.

—Ah, sí, prof —contestó Crispín, quien parecía tener cuerda para rato—, es como lo que le pasó a Nube Solitaria al caer de la montaña.

—No, ¡basta! —atajó Marbello—, una cosa es hacer un salto mortal de Nube Solitaria a Schrödinger y otra, muy distinta, es repetir el salto de regreso. Nos vemos después Crispín.

Sin darle tiempo ni de despedirse, Marbello tomó sus cosas y salió apresuradamente del aula.

5

A pares y nones

*Dos electrones con el mismo espín tienen una baja probabilidad de
estar cerca y una alta probabilidad de estar lejos, mientras
no hay restricción para electrones con espín opuesto.*

En la mente de Nube Solitaria danzaban los acontecimientos del día anterior. La elevada montaña, el cerro solitario, el Gran Río y el enigmático mar. Envuelta en sus pensamientos, Nube barría la entrada de su choza, cuando una hermosa voz varonil la regresó al mundo. El apuesto Canto de Gorrión cantaba, desde lo alto del tejado de la casa de su padre, pintado ya como guerrero, engalanado con su trenza, sus mejores polainas y mocasines. A pesar de la solemnidad de los adornos de guerra, su canto guerrero no dejaba de ser alegre y juguetón. Nube se sintió poderosamente atraída hacia él.

Había llovido mucho y los guillomeros, unos arbolillos de madera dura cuyas ramas se usaban para hacer flechas, estaban cargados de guillomos maduros. Eran unos frutos dulces de color rojo oscuro que les gustaban mucho a los niños hidatsas.

Nube Solitaria y su hermana, Luz de Luna, junto con sus madres se prepararon para ir a recoger los guillomos. Salieron antes que el Sol estuviera alto. La hermosa joven caminaba con sus madres y las demás mujeres. Los hombres iban un poco adelante, armados con arcos. Entre ellos, el bravo Corazón de Búfalo. Llevaba a la espalda una preciosa aljaba de piel de nutria llena de flechas.

En el bosque los hombres se reunieron con las mujeres y se dividieron en pequeños grupos. Los hombres mayores ayudaban a sus esposas y los hombres jóvenes a sus novias. Nube se dirigió a un grupo de árboles que tenían las ramas dobladas casi hasta el suelo por tanto fruto. Corazón de Búfalo la siguió. Durante dos horas trabajaron juntos. Nube Solitaria discretamente observó a Corazón de Búfalo. Era un muchacho fuerte y corpulento que se movía con elegante gallardía. Nube se sintió poderosamente atraída hacia él.

Más tarde, mientras contaban y agrupaban los guillomos, Nube se dirigió a Aurora del Corazón.

—Madre —preguntó Nube Solitaria—, explícame la diferencia entre los números pares y los nones.

Aurora del Corazón que comprendía la inquietud de su hija contestó así:

—Par significa que todos pueden formar una pareja. Non significa que alguien se queda sin pareja.

Marbello pasó de largo. No se detuvo frente al anaquel de literatura mexicana. Tampoco lo hizo frente al de literatura universal.

—Crispín —dijo con una voz apenas audible—, Crispín, te invito un refresco.

El muchacho parecía no entender lo que ocurría. Sumergido en sus apuntes y en unos cuantos libros de álgebra, Crispín tardó varios segundos en reaccionar. Su oscuro pelo lucía despeinado cuando finalmente pudo pronunciar:

—¿Eh?

—Soy yo, Crispín, el profesor Marbello. Despéjate la mente y ya luego podrás despejar la equis.

No muy convencido, Crispín empezó a guardar sus cosas. Cuál sería el error, pensaba. Al factorizar o al eliminar los cuatros. O sería el signo. Eso es: ¡el signo! El resultado de la resta era negativo y no positivo...

—¿Vamos a las gorditas o compramos algo en la cafetería? —lo terminó de despertar el profesor.

—A las gorditas —dijo Crispín con una sonrisa.

Al llegar al estanquillo, Crispín se dirigió a su profesor.

—Sabe, prof, me gustó mucho lo de los diferentes estados de los átomos y lo de sus niveles de energía.

—Del átomo de hidrógeno —corrigió Marbello.

—¿Lo que me platicó es sólo del átomo de hidrógeno?

—Solamente —contestó el profesor, con parquedad.

—Entonces, ¿son otros los estados de los demás elementos?

—Ajá, son otros. Parecidos pero diferentes. De eso no cabe duda. ¿Cuántas vas a querer? ¿Tres?

—Sí, prof, nada más tres. De chicharrón, las tres.

—Me da seis de chicharrón —pidió Marbello.

—Y tres sopes sencillos —añadió Crispín disimuladamente.

—¿No que nada más tres?

—Por eso, nada más tres gorditas... pero además tres sopes.

—¡Ah vaya!

—Ahora sí, prof, cuénteme *qué onda* con los átomos de los demás elementos.

—Mira Crispín, lo primero que tienes que recordar es que lo que hace diferente a un átomo de otro es la cantidad de carga positiva que hay en el núcleo.

—¿Cómo diferentes?

—Sí, mira, todos los átomos cuyo núcleo está formado únicamente por una sola carga positiva son idénticos y se comportan de la misma manera. A este tipo de átomos les llamamos átomos de hidrógeno. Ahora, los átomos con dos cargas positivas en el núcleo son distintos de los de hidrógeno. Les llamamos átomos de helio.

—Y estas dos cargas atraen de manera diferente a las cargas negativas, ¿no? ¿Me pasa la salsa, prof?

—Aquí la tienes. Por supuesto. Lo primero es que, si hay dos cargas positivas, se requieren dos cargas negativas, o sea dos electrones.

—Que dijimos que los vamos a imaginar como nubes de carga. ¡Éntrele también usted, prof!

—Gracias, Crispín. Claro, ahora tenemos dos nubes de carga tratando de estar lo más cerca posible del núcleo.

—Pero ambas son negativas y se repelen, ¿no?

—Así es, mi amigo.

—Entonces, no pueden ambas estar en la forma $1s$ para que las dos pudieran estar lo más cerca del núcleo, ¿o sí?

—No... bueno, sí. Es decir, sólo con una condición y eso si es que no hay una mejor opción.

—¿Qué condición y cuáles opciones?

—La condición es que ambas nubes tengan momentos angulares de espín opuestos. ¿Te acuerdas lo que te platiqué el otro día de la cantidad de movimiento angular, el espín y esas cosas?

—Sí, prof, ¡cómo no me voy a acordar!

—Señorita, ¿me da dos refrescos, por favor? De limón, gracias. Bueno, la condición para que las dos nubes compartan una misma región del espacio es que sus espines sean contrarios.

—¿Cuando usted dice espín, quiere decir momento angular de espín?

—Claro, eso es. Curiosamente, este estado es el de más baja energía. El helio estaría en el estado *uno-ese-espín* hacia *arriba-uno-ese-espín-hacia abajo*. Se escribe así —Marbello tomó una servilleta y sobre ella garabateó una combinación de números, letras y símbolos:

$$1s(\uparrow)1s(\downarrow)$$

Crispín observó detenidamente los símbolos de la servilleta, mientras hacía desaparecer más de media gordita de una sola tarascada.

—Si el átomo de helio está en este estado, entonces no tiene propiedades magnéticas —concluyó orgullosamente, Crispín.

—¿Perdón? —preguntó distraídamente Marbello mientras atrapaba con la boca un pedazo de chicharrón en franca caída libre.

—Sí, prof, esas flechitas representan el momento angular de espín de cada nube, ¿no?

—Sí.

—Entonces, asociados con ellas hay un momento magnético para cada nube, ¿de acuerdo? Pero si sus momentos de espín son de igual magnitud pero sentido contrario, sus momentos magnéticos también serán opuestos. Así es que uno cancela al otro y el resultado neto es que el momento magnético total vale cero.

El siguiente trozo de chicharrón recorrió, sin ningún contratiempo, el camino del extremo abierto de la gordita hasta el mantel.

Marbello se había quedado paralizado. Luego de unos segundos de pasmo, balbuceó:

—Br-Br-Bravo, Crispín, mu-muy bien.

—¿Se puede que ambas nubes sean de tipo $1s$ y con el mismo espín?

—No. Eso sí no se puede. Te repito que para que dos electrones puedan ocupar una misma zona del espacio deben tener espines opuestos. Es un principio de la naturaleza que se desprende de la mecánica cuántica, el principio de exclusión de Pauli.

—Bueno, prof, en realidad, ese principio es más fundamental de lo que usted dice y podría enunciarse de una forma más general: "la función de onda total de un átomo o molécula debe ser antisimétrica ante el intercambio de parejas de electrones".

—Muy bien, profesor Crispín, sígame usted explicando —dijo Marbello con mal disimulado enojo.

—No, prof, no se enoje. Lo que pasa es que en mi casa tenemos un libro sobre estructura atómica y ahí leí esa frase. Pero me pareció tan chistosa que me la aprendí de memoria. Estaba seguro que algún día la iba a necesitar.

Marbello se sonrió y continuó.

—Bueno, pues chistosa sí es pero también esa frase representa uno de los logros intelectuales más grandes de la historia. En fin, muchacho, volvamos al asunto. La consecuencia física del principio de Pauli es que dos electrones con el mismo espín tienen una baja probabilidad de estar cerca y una alta probabilidad de estar lejos, mientras que no hay restricción para electrones con espín opuesto. Es decir, dos electrones con espín opuesto se pueden *aparear*, o sea, pueden formar un par, y dos electrones con el mismo espín, no. En términos del modelo de nube de carga que hemos estado manejando, se puede considerar que dos electrones con espín opuesto se comportan como una sola nube, con la carga y masa de dos electrones. A la nube con la carga y masa de un solo electrón le podemos llamar *media nube electrónica*. Y a la nube con la masa y carga de dos electrones la podemos llamar simplemente *nube electrónica*.

Rápidamente, el profesor Marbello tomó otra servilleta y escribió una tabla con algunos datos importantes (véase tabla 5.1).

Tabla 5.1. Características de nube y media nube.			
	Masa	*Carga*	*Momento magnético*
Media nube electrónica	m_e	e	$\sqrt{3}\mu_b$
Nube electrónica	$2m_e$	$2e$	0

$m_e = 9.11 \times 10^{-31}\ kg$ $e = 1.6022 \times 10^{-19}\ C$ $\mu_b = 9.27 \times 10^{-24}\ J/T$

—Ten, Crispín, aquí están resumidas las características de las dos.

—Gracias, prof. Con su permiso yo le voy a ir entrando a los sopecitos.

—¡Ah bárbaro! Yo apenas voy en mi segunda gordita.

—Ya ve, por hablar tanto. ¿Y luego? ¿Qué otras posibilidades hay para el átomo de helio?

—Ah bueno, que un electrón esté como una media nube tipo *1s* y el otro en cualquiera de las otras posibilidades: *2s, 2p, 3s, 3p*, etcétera.

—Pero, ¿cuál es el de más baja energía?

—Hay que compararlos. Por ejemplo, entre estos dos, ¿cuál es el de menor energía? —Marbello escribió una nueva fórmula al lado de la anterior.

$$1s(\uparrow)1s(\downarrow) \qquad\qquad 1s(\uparrow)2s(\uparrow)$$

—Mmmm... No, no sé, prof.

—A ver. Señorita, ¿me regala otra servilleta, por favor? Gracias.

Mira, Crispín, aquí está el diagrama de energías para las nubes de los dos estados (véase figura 5.1). Para que sea más fácil, al primero lo vamos a llamar simplemente *uno-ese-dos, 1s²*. Quiere decir que son dos electrones tipo *1s*, claro que con espines opuestos. Al otro estado lo podemos llamar *uno-ese-uno—dos-ese-uno, 1s¹2s¹*. Y quiere decir que tenemos un electrón tipo *1s* y el otro tipo *2s*.

—De acuerdo, prof.

—En el estado *1s²*, los dos electrones apareados en una nube de tipo *1s* tienen la misma energía. En cambio, en el estado *1s2s*, mientras que un electrón es fuertemente atraído por el núcleo (baja energía), el otro está casi saliéndose (alta energía). En este sentido, el estado 1s² es el de menor energía y, por tanto, el más estable.

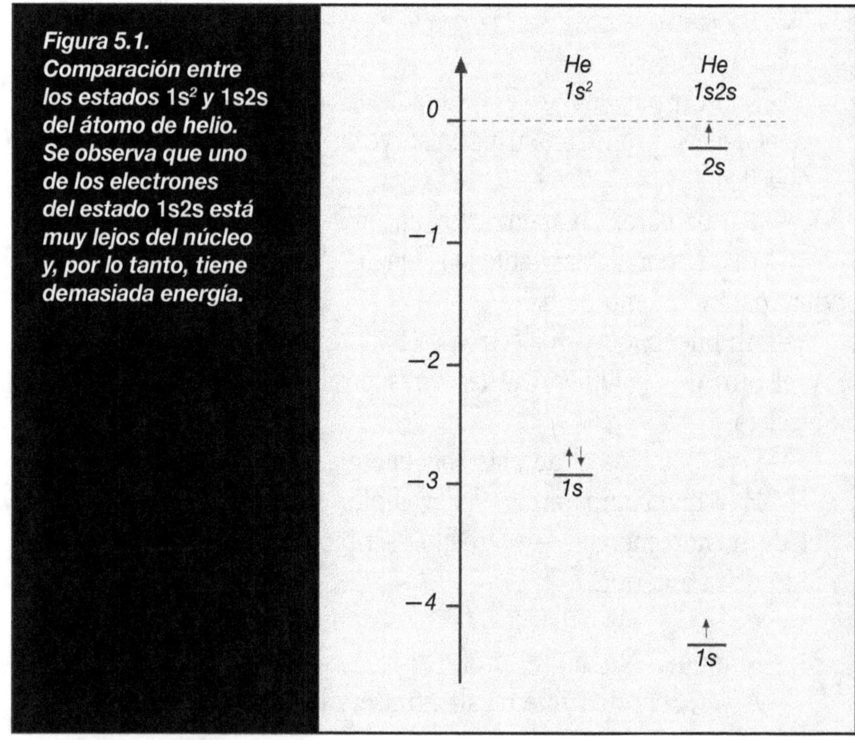

Figura 5.1.
Comparación entre los estados 1s² y 1s2s del átomo de helio. Se observa que uno de los electrones del estado 1s2s está muy lejos del núcleo y, por lo tanto, tiene demasiada energía.

—¿Y para los demás átomos, prof? ¿Cuáles son los estados de más baja energía de los demás átomos?

—Todos los átomos de helio son idénticos, por tanto su estado de más baja energía es el mismo.

—Perdón, prof, quise decir de los átomos de los demás elementos.

—Ah, así, sí. *Deja me preparo* mi última gordita y *ahorita* te contesto. Ajá, ahora sí. Bueno, pues es similar a lo que ocurre con el helio. Se puede determinar un diagrama de energía para los demás elementos del mismo modo que lo hicimos para el átomo de hidrógeno. Y a partir de él, se puede deducir la configuración electrónica de su estado de menor energía o basal.

—Uy, prof, *ai' muere*, si se necesita un diagrama de energía distinto para cada elemento ¿cuándo vamos a acabar? Mejor nos terminamos, yo mis sopes y usted sus gorditas, y ahí la dejamos.

—Eso sí. Lo bueno es que el único diagrama que es muy diferente a los otros es el del átomo de hidrógeno. Los demás todos se parecen. Mira —Marbello volteó la servilleta e hizo otro esquema (véase figura 5.2)—. A grandes rasgos, éste es el diagrama general de todos los átomos polielectrónicos. La configuración electrónica de los estados basales de cada elemento se puede construir simplemente agregando los electrones de abajo hacia arriba en el diagrama.

—A ver, prof. Déjeme intentar algunas configuraciones electrónicas. Mmmmh, la configuración del litio, para irnos en orden: $1s^2 2s^1$.

—Espérame. ¿Por qué no $1s^3$?

—Porque usted dijo que para que dos electrones puedan convivir en la misma región espacial se requiere que sus espines sean opuestos. Y como el espín sólo puede tomar dos valores, si intentáramos formar tres nubes electrónicas tipo $1s$, necesariamente la tercera tendría el mismo espín que alguna de las otras dos.

—¡Muy bien! Pero, a ver ¿la configuración electrónica con la cual el berilio se encuentra en su más bajo estado de energía?

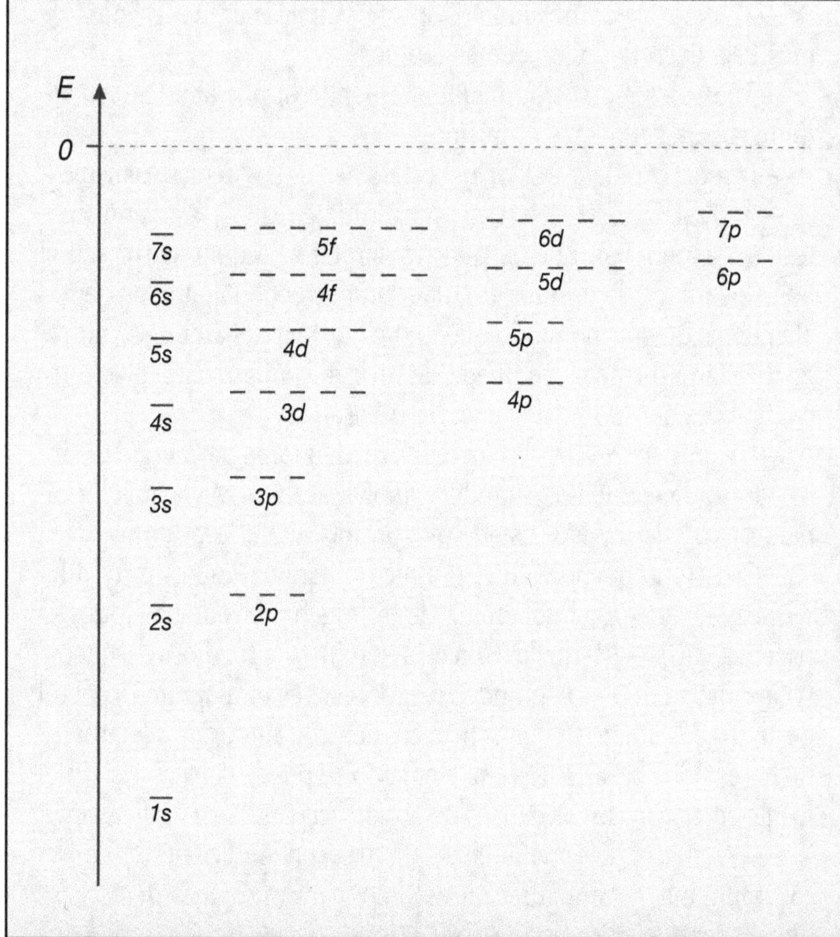

Figura 5.2. Diagrama de energía para los estados basales de los átomos polielectrónicos.[4]

[4] Este diagrama de energía para los estados basales de los átomos polielectrónicos está basado en el *principio de construcción progresiva* en el que el orden de energía de las diferentes nubes electrónicas sigue la regla de las diagonales. Cabe aclarar que, aunque el principio no falla para átomos ligeros, los experimentos han demostrado que no es aplicable en unos 10 elementos, y hay otros 20 de cuya configuración basal no se tiene aún certeza.

—También está fácil: $1s^2 2s^2$.

—¿Por qué no dijiste $1s^2 2s^1 2p^1$?

—Ah, porque usted me dijo claramente "la configuración electrónica del estado *de más baja energía*". Y, según su diagrama, una nube tipo *2s* es de menor energía que una de tipo *2p*, ¿no?

—Cierto, Crispín. Pero, ahí te va otro torito. ¿Cómo se tendrían que acomodar las nubes electrónicas del hierro para que éste estuviera en su estado de menor energía?

—¿Cuántos protones tiene el núcleo del hierro, prof?

—Veintiséis.

—Entonces, necesitamos "acomodar" 26 electrones en este diagrama, ¿no?

Crispín tomó la servilleta donde el maestro Marbello había dibujado el diagrama de energías para los átomos polielectrónicos.

—¿Me permite su lápiz, prof? Voy a utilizar flechitas para representar cada electrón, *¿oquei?*

—Está bien.

—¿Así, prof? —preguntó Crispín, mientras le mostraba su dibujo (véase figura 5.3).

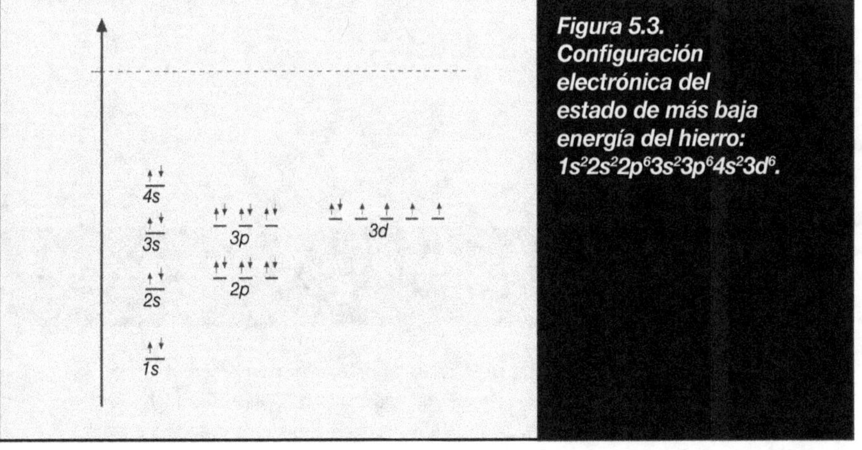

Figura 5.3. Configuración electrónica del estado de más baja energía del hierro: $1s^2 2s^2 2p^6 3s^2 3p^6 4s^2 3d^6$.

—¡Muy bien, Crispín! Eso es.

—Oiga, prof, ¿y, para los átomos con muchos electrones, cómo quedan las capas electrónicas?

—Es una buena pregunta, Crispín. Préstame la servilleta —Marbello volteó el papel y volvió a escribir (véase figura 5.4).

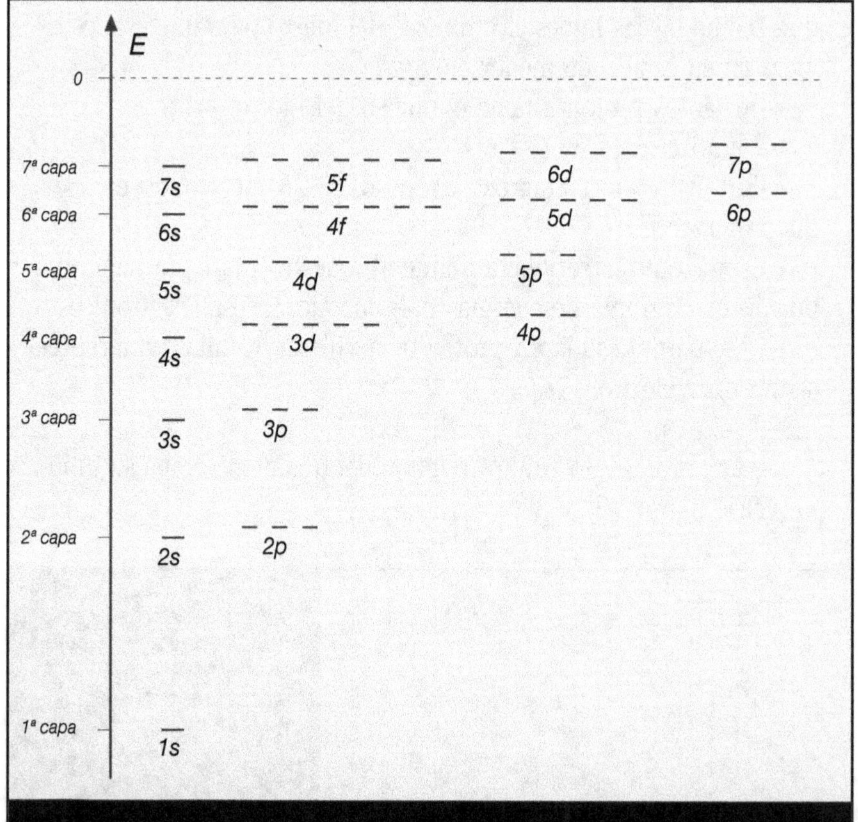

Figura 5.4. Las capas electrónicas en los estados de más baja energía de los átomos polielectrónicos.[5]

[5] Una vez más, este arreglo está basado en el principio de construcción progresiva y la regla de las diagonales. Por esta razón, las capas electrónicas aquí mostradas no coinciden con el número cuántico principal de la solución de Schrödinger, sino con el número de periodo de la Tabla Periódica.

—Si te fijas —continuó Marbello—, las capas internas son más chicas que las externas. De hecho, en la primera capa cabe sólo una nube electrónica (con la masa y la carga de dos electrones). En la segunda y en la tercera caben 4 nubes. En la cuarta y en la quinta, 9 nubes. Y, finalmente, en las capas sexta y séptima, 16 nubes.

—Uy, prof, en cuanto me termine mi último sope, se me va a olvidar esto que me dijo.

—Bien. Deja que te lo escriba en una servilleta limpia mientras tú pides la cuenta (véase tabla 5.2).

Marbello pagó la cuenta mientras Crispín guardaba celosamente todas las servilletas utilizadas durante el almuerzo. Antes de despedirse, Marbello interrogó a Crispín.

—Oye, ¿cómo va la definición del principio de exclusión que me dijiste?

—"La función de onda total de un átomo o molécula debe ser antisimétrica ante el intercambio de parejas de electrones", recitó de memoria, Crispín.

—Gracias. A mí también me puede hacer falta —se despidió sonriente, Marbello.

Tabla 5.2			
Capas	Tipos de nubes	N° de nubes	N° de electrones
1ª	1s	1	2
2ª	2s2p	4	8
3ª	3s3p	4	8
4ª	4s3d4p	9	18
5ª	5s4d5p	9	18
6ª	6s4f5d6p	16	32
7ª	7s5f6d7p	16	32

6

El corazón y las nubes

Baja energía significa que la nube electrónica está más cerca del núcleo o corazón, mientras que alta energía quiere decir que la nube está más lejos.

Entre el dorado color de los maizales, Nube trabajaba incesantemente. Al igual que el resto de la tribu, cortaba mazorcas, llenaba y vaciaba cestos, ataba las mazorcas grandes en ristras y las pequeñas las echaba en un montón.

Su mente tampoco estaba quieta. Pensaba en el mar. Y en las nubes que eran libres y que podían sobrevolar las montañas y las praderas; que podían seguir al río y viajar más allá del mar. Y se acordó que ella misma era una nube. Una nube solitaria y viajera. "¿Qué habrá después del mar?", pensó por segundos.

Unos pasos la sacaron de sus pensamientos. Alzó la vista y vio acercarse a Corazón de Búfalo. El joven hidatsa tomó las últimas ristras y las colocó, sin pronunciar palabra, sobre su espalda. Nube Solitaria sonrió al gallardo muchacho. Corazón de Búfalo le devolvió la sonrisa. Y así quedaron, un instante infinito, unidos por un hilo invisible...

De pronto, un zumbido sioux rasgó la felicidad. Se oyeron gritos y el llanto de una mujer. Gran Relámpago pasó, lanzando su estruendoso grito de guerra. Corazón de Búfalo corrió detrás de él, gritando también. Un guerrero enemigo se lanzó colina abajo hacia los hidatsas. Corazón de Búfalo lo enfrentó. Dos saetas surcaron el aire. Pero sólo una dio en el blanco. Era la que lanzó su joven enamorado.

Esa noche, cuando su padre condecoró al valiente soldado, la hermosa princesa sintió que aquel hilo se apretaba un poco más...

—Me hubiera gustado estar allí —rompió el silencio, de pronto, el muchacho.

—¿Dónde?

—Con Nube Solitaria... —suspiró Crispín.

—¿Con Nube Solitaria? —preguntó extrañado el profesor.

—Más bien en la batalla entre los sioux y los hidatsas —mintió el romántico estudiante.

—¡A mí, no!

—¿Se imagina la enorme pradera? ¿Y la montaña y el río? ¿Y las blancas nubes proyectadas sobre un cielo intensamente azul? —continuó Crispín, imaginándose a sí mismo, paseando con Julia, a través de ese bello paisaje.

Marbello, que no venía poniéndole mucha atención, no entendía lo que le decía Crispín.

—Pero en plena batalla, ¿quién podría fijarse en las "blancas nubes"? —exclamó desconcertado.

Después ambos guardaron silencio y no pronunciaron palabra hasta que llegó el camión.

—Oiga, prof —interrumpió Crispín con aquel tono que anticipaba una larga conversación sobre ciencia—. ¿Qué diferencia hay entre las nubes electrónicas de baja energía y las de alta?

—De las nubes del cielo hidatsa a las nubes electrónicas. ¡Bravo! —dijo Marbello mientras veía, con resignación, cómo se alejaba su camión—. Perdón, Crispín, ¿qué de las nubes electrónicas?

—Que qué consecuencias tiene, para una nube electrónica, el tener menor o mayor energía.

—Ah, sí. Piénsalo en términos de cargas eléctricas. Si tienes dos cargas opuestas separadas a una gran distancia se dice que el sistema (las dos cargas) tiene mucha energía por liberar. Porque si las dejas, tenderán a recorrer esa distancia para juntarse. Obviamente, si las cargas están más cerca, puesto que tienen menos distancia por recorrer, entonces se dice que el sistema tiene menos energía. En el caso de un núcleo positivo y una nube negativa es lo mismo: baja energía significa que, en promedio, la nube está más cerca del núcleo mientras que alta energía quiere decir que la nube está más lejos.

—En promedio.

—Sí, en promedio. Porque una nube no está ubicada en un solo punto del espacio. Es una esfera muy grande, con un gran volumen, que contiene muchos puntos. De hecho un número infinito de puntos. Si determináramos el promedio de las distancias de todos los puntos que contiene esa esfera, y concentráramos, en este punto promedio, toda la carga de la nube, el sistema tendría la misma energía. Es decir, que un sistema donde una carga positiva está rodeada por una nube de carga negativa es energéticamente igual a otro sistema donde la carga positiva y la negativa estuvieran separados a la distancia promedio correspondiente. Por eso, si ese punto promedio (con toda la carga negativa) se encuentra más cerca, el sistema tendrá poca energía y si se encuentra más lejos, el sistema tendrá mucha energía.

—Perfecto, prof. Ya me contestó. Gracias.

—Ya te contesté, ¿qué? —contestó sorprendido Marbello.

—Lo que le pregunté: ¿cuál es la diferencia entre una nube de baja energía y una de alta energía?

—¿Ah sí? ¿Y cuál es esa diferencia? —preguntó Marbello no muy convencido de la claridad de su exposición.

—Las nubes de menor energía son más pequeñas que las de mayor energía.

—Sí, ¿verdad?, es cierto... —dijo Marbello menos convencido ahora.

—Claro, prof. Para que el punto promedio esté más lejos, la nube tiene que ser más grande y viceversa.

Ahora, el profesor Marbello era quien tenía la expresión de haber recibido una revelación.

—Y otra diferencia, prof —continuó Crispín—. Las nubes de baja energía son más estables que las de alta energía.

—¡Muy bien, muchacho! —animó Marbello a Crispín pero sin entender, bien a bien, el alcance de la afirmación de su joven amigo.

—¿No ve que son más estables porque están más cerca de su objetivo, es decir, más cerca de la carga positiva? —remató Crispín sin ninguna consideración para el histrionismo de su profesor.

Finalmente reaccionó Marbello:

—Sí, claro, Crispín. Ya entendí. Tienen menor tamaño y, por tanto, mayor densidad.

—Como usted dice: están más localizadas.

—Eso es. Por eso, en un átomo, se pueden distinguir dos tipos de nubes electrónicas: las cercanas al núcleo y las lejanas a él. Las cercanas son todas las de las capas internas y las lejanas son sólo las de la última capa. Las cercanas están fuertemente atraídas por el núcleo. Tanto así que se pueden encontrar hasta cientos de veces más cerca del núcleo que las de la última capa. Por tanto, la diferencia entre ambos tipos de nubes es notable. Las cercanas al núcleo son sumamente densas. En cambio, las nubes de la última capa son grandes y de baja densidad, como la nube electrónica del átomo de hidrógeno.

—¡Uau!

—Mira, Crispín. Las nubes de las capas internas están tan pegadas al núcleo que junto con él conforman un conglomerado pequeño, denso y positivo que se conoce como el *corazón* de los átomos.[6]

—Entonces, ese corazón está envuelto por las nubes electrónicas de la última capa, ¿no?

—Así es, Crispín. O sea que, para fines prácticos, todos los átomos son iguales: un corazón positivo rodeado de nubes de cargas negativas.

—Claro, prof. El corazón está constituido por el núcleo positivo y las nubes electrónicas de las capas interiores. Y es positivo porque contiene más cargas positivas que negativas.

—Cierto. Faltan las cargas negativas de las nubes de valencia.

—¿De valencia? —preguntó Crispín con picardía.

—Perdón —sonrió Marbello—. Se me olvidó decirte que así se le llama a la última capa: la capa de valencia.

—Ah, vamos. Creí que me quería cotorrear, prof.

—¡*N'ombre*! ¿Cómo crees?

—Oiga, prof —Crispín regresó rápidamente a la reflexión—,

[6] Comúnmente se usan los términos *kernel* en alemán o *core* en inglés que quieren decir corazón.

¿las nubes de la capa de valencia, son siempre del mismo tamaño?

—Depende del número de electrones. Del número de electrones totales y del número de electrones en la capa de valencia.

—A ver, prof, primero lo del número total de electrones.

—Bueno, dependiendo del número total de electrones, la última capa, la de valencia, estará más lejos o más cerca del núcleo. Si hay muchos electrones, habrá muchas capas y, entonces, la última capa estará muy lejos. Sus nubes estarán poco atraídas y, por lo tanto, serán grandes. Si el átomo tiene pocos electrones, habrá pocas capas, la última capa estará cerca, sus nubes estarán más atraídas y, por tanto, serán pequeñas.

—Ahora, lo del número de electrones en la capa de valencia.

—A ver, ¿cómo te lo explico? Mmmh. Mira, hagamos un experimento mental. Supón que tenemos un átomo de cierto elemento. No importa cuál. Bueno, este átomo tiene tantas cargas positivas como negativas porque es neutro. Cada nube electrónica de la capa de valencia está sometida a la atracción del corazón o núcleo positivo y a la repulsión de las demás nubes negativas. Supón ahora que le agregamos una carga positiva y una negativa para formar un átomo neutro del siguiente elemento. Es decir, agregamos una carga positiva al núcleo y una negativa a la capa de valencia. Al aumentar la carga positiva del núcleo disminuye la energía de la nube debido al incremento de la atracción. Pero al ingresar otra carga negativa a la capa de valencia aumenta la energía de la nube debido a la repulsión que genera la nueva carga. Si la disminución de la energía debido a la atracción fuera igual al aumento debido a la repulsión, el tamaño de la nube no variaría. Sin embargo, no es así. La energía de repulsión, generada por la nueva carga, sólo es una fracción de la de atracción. Es decir, predomina la atracción. Así, el efecto neto es que a mayor número de electrones en la capa de valencia, mayor contracción de las nubes electrónicas que contiene.

—O sea que entre más externa es la capa de valencia, más grandes son sus nubes. Pero, por otro lado, entre más electrones hay en la capa de valencia, más chicas son sus nubes. ¿Así es, prof?

—Así es, Crispín.

—Oiga, y todo esto que me cuenta, ¿se puede ver de algún modo?

—¡Claro! Las nubes de la capa de valencia determinan el tamaño de los átomos. Si lo que dije es cierto, debería apreciarse en el tamaño de los átomos.

—¿Y?

—Se cumple, Crispín, se cumple. Mira, en la Tabla Periódica, el tamaño de los átomos aumenta de arriba abajo y de derecha a izquierda. Tú conoces la Tabla Periódica. La has visto en clase, ¿recuerdas? —le preguntó Marbello al ver la cara de extrañeza de su joven pupilo.

—Por supuesto, prof. Pero ahorita no la recuerdo muy bien.

—Pero, Crispín, me crispas los nervios. ¿Entonces, cómo dices que entiendes? Mira, deja que te recuerde cómo es. Siéntate.

En mal momento a Crispín se le ocurrió reconocer su olvido puesto que justo en ese instante llegó su camión, subieron a él los otros pasajeros y arrancó.

Marbello extrajo de su portafolios una hoja en blanco y trazó sobre ella unas cuantas líneas (véase figura 6.1).

Luego le explicó.

—*Grosso modo*, la Tabla Periódica se puede dividir en cuatro bloques: S, P, D y F. Cada bloque agrupa a aquellos elementos cuyas últimas nubes electrónicas son de la forma correspondiente, es decir, *s*, *p*, *d* o *f*. De este modo, en el bloque *s*, se encuentran todos los elementos en que sus últimas nubes electrónicas son de tipo *s*. En el bloque *p*, todos aquellos cuyas últimas nubes son de tipo *p*.

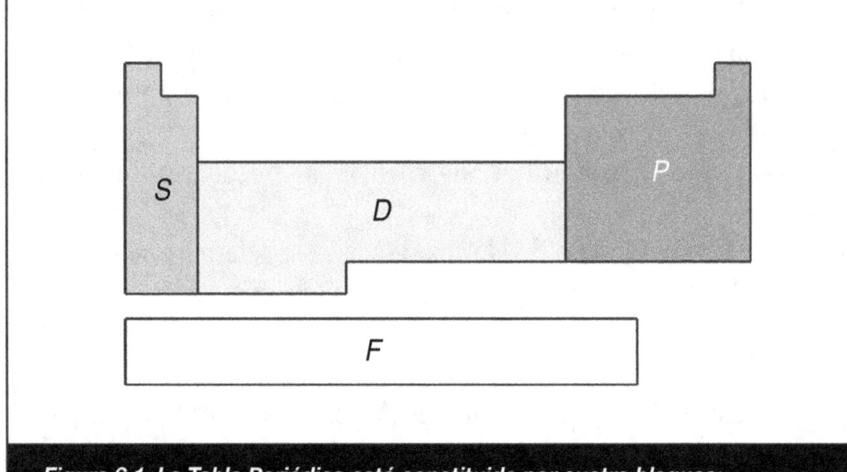

Figura 6.1. La Tabla Periódica está constituida por cuatro bloques: S, P, D y F.

—Etcétera, etcétera —acortó Crispín con impaciencia.

—Además se puede subdividir en columnas y renglones (véase figura 6.2). En una misma columna se encuentran todos los elementos que poseen una distribución electrónica similar.

—Por ejemplo...

—Por ejemplo, litio, sodio, potasio, rubidio, cesio y francio. Todos tienen un corazón y un sólo electrón, de tipo s, en la capa de valencia. Pero, espérame. Déjame que te termine de decir. En los renglones están todos los elementos cuya capa de valencia es la misma. O sea, en el primer renglón están los elementos cuya capa de valencia es la primera, la $1s$. En el segundo renglón, los que su capa de valencia es la segunda, la $2s2p$.

—¿*Verbi gratia*, prof?

—Calcio, hierro y arsénico. En todos ellos la capa de valencia es la cuarta capa energética, la $4s3d4p$. En el calcio, sus dos electrones de valencia forman una distribución $4s^2$. En el hierro, los 8 electro-

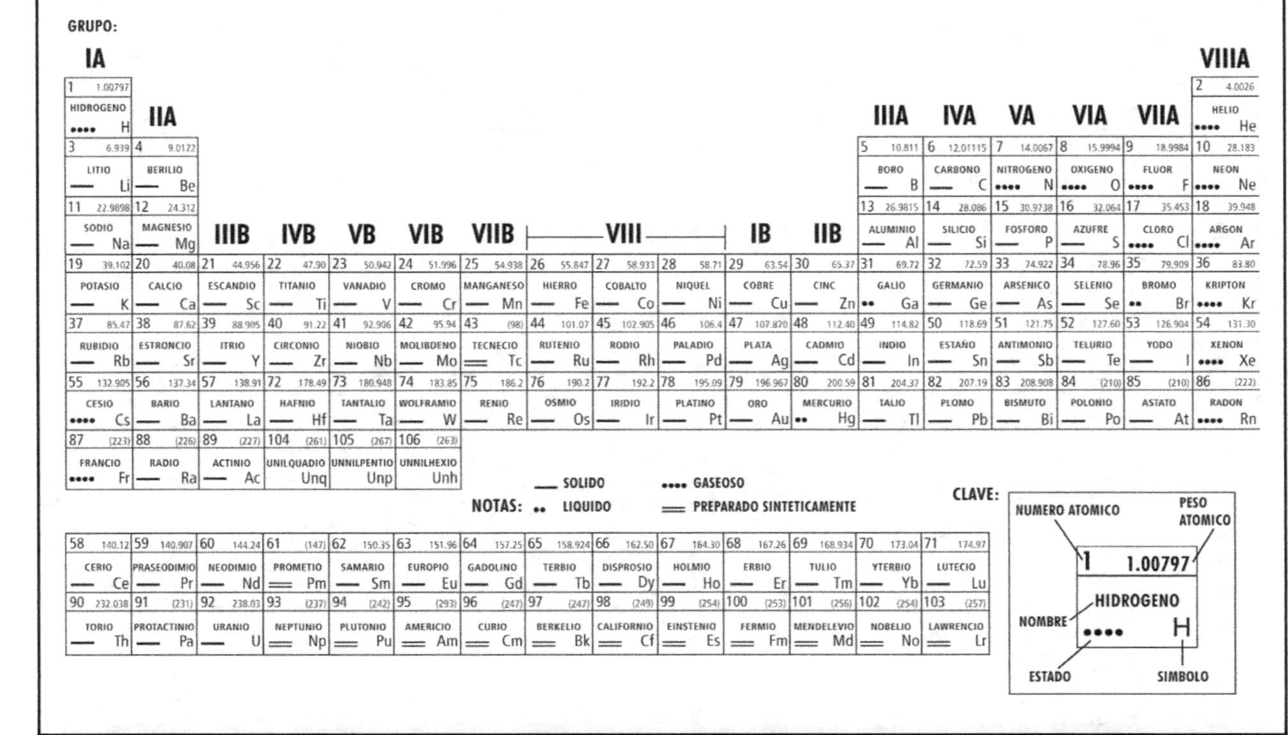

Figura 6.2. La Tabla Periódica.

nes de valencia adoptan una distribución $4s^23d^6$. Y en el arsénico, 15 electrones de valencia con distribución $4s^23d^{10}4p^3$.

—*Oquei*, prof, ahora sí.

—Además el corazón siempre tiene la configuración del gas noble anterior.

—¿Perdón?

—Disculpa. Los gases nobles son los elementos de la última columna. Todos ellos tienen el número exacto de electrones para completar las diferentes capas electrónicas.

—Ah, ya entendí un poco más. El corazón de un átomo es el núcleo más todas las capas llenas. Y la capa de valencia es la única capa que no está completa, o sea la última capa.

—Excepto en los gases nobles, para los que la última capa también está completa.

—Bueno, es que los gases nobles son *puro corazón*.

—Mmmh. Si quieres verlo así. La verdad es que, en efecto, los gases nobles se comportan como si no tuvieran electrones de valencia.

—Bueno, prof, usted me iba a enseñar el tamaño de los átomos, ¿no?

—Ah, sí.

El profesor Marbello abrió su portafolios y sacó un libro de química. Rápidamente buscó una página en particular y se la mostró a Crispín (véase figura 6.3).

—Aquí está. Fíjate cómo el tamaño de los átomos aumenta de arriba abajo. Esto es porque al cambiar de periodo, la capa de valencia es una capa más externa. Si te fijas, también se cumple que las nubes electrónicas de la capa de valencia se contraen al aumentar el número de cargas negativas en la capa. ¿Ves? —le señaló un periodo en la Tabla Periódica—, el tamaño de los átomos disminuye de izquierda a derecha en la Tabla.

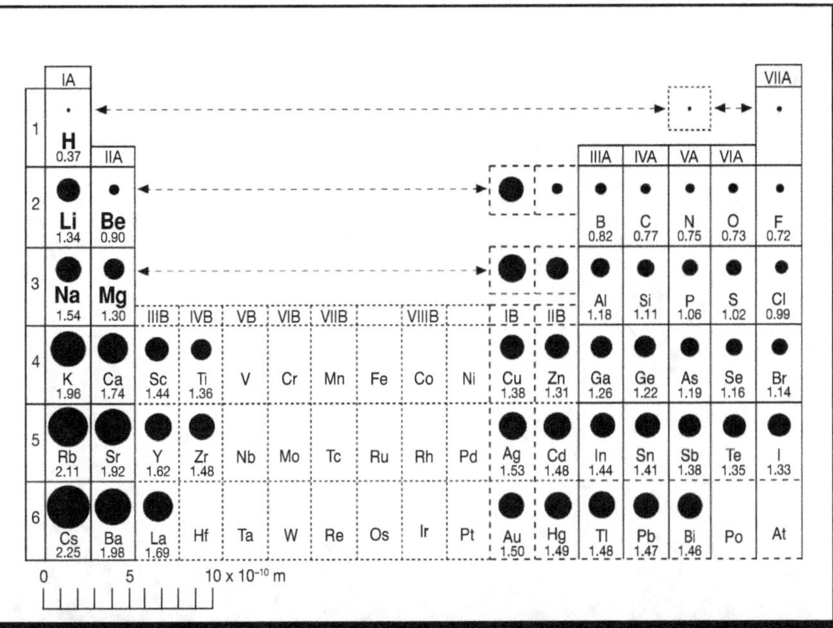

Figura 6.3. Tendencia de los tamaños de los átomos en la Tabla Periódica.

—Oiga, prof, una última pregunta porque ahí viene mi camión: ¿por qué se llama capa de valencia?

—La valencia de un elemento es el número máximo de átomos de hidrógeno con los que se puede combinar. Este número está relacionado con el número de electrones en la última capa. Por eso a estos electrones se les dio el nombre de electrones de valencia.

Crispín abordó el camión de un salto y a duras penas alcanzó a gritar: ¡gracias, prof!

7

De corazón a corazón

En buena medida el motor de la química es la tendencia de los átomos a adquirir una configuración tipo gas noble.

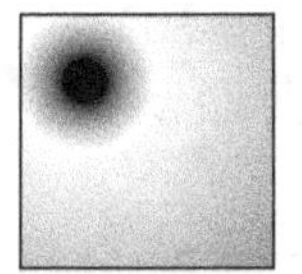 Los cazadores hidatsas caminaban en busca del búfalo. Detrás, sus mujeres los seguían. Pero Nube Solitaria, en cambio, iba a encontrarse con su destino.

En esta ocasión, los búfalos habían tardado en llegar. Y hubo que ir a buscarlos al otro lado de la planicie, más allá del cerro, junto al río.

Pronto Nube Solitaria se encontró en un camino conocido. Otra vez la gran montaña. Otra vez la ascensión. Después la inmensa pradera.

Los hidatsas tardaron dos días en atravesar la llanura. Dos largos días de creciente emoción en el corazón de Nube Solitaria. Dos largos días antes de acampar junto al caudaloso río que descendía de la cordillera. Dos largos días sin avistar un solo bisonte.

Mientras las mujeres tendían el campamento, los hombres recorrieron los alrededores. Al atardecer, cuando ya oscurecía, Gran Relámpago de la Pradera regresó al campamento, diciendo:

—Los búfalos están muy cerca de aquí, en un acantilado, río arriba. Los he visto moverse en el horizonte.

Aquella noche, nadie partió leña ni hizo el menor ruido. Se sofocaron los fuegos y se les dio de comer a los perros para que, con el estómago lleno, durmieran y no ladraran.

A la mañana siguiente, vieron una gran cantidad de búfalos en un barranco cercano. Los cazadores se esparcieron por el monte.

Canto de Gorrión, con el arco en la mano, subió sigilosamente por las cañadas para acechar a las bestias. Su arco quedó huérfano de una flecha. El imponente animal gimió de dolor. Luego, intentó huir hacia la inmensa llanura donde los hidatsas jamás podrían recuperarlo.

Canto de Gorrión reaccionó y mediante una veloz maniobra saltó sobre el lomo del gigante. En un desesperado intento por detenerlo, se colgó del cuello del animal y lo hizo rodar por el suelo. Por un instante, la fuerza del hombre se igualó a la de la bestia. Un instante nada más. Luego, el animal haría valer su poderío y escaparía hacia la libertad.

Pero, durante ese instante, otra saeta se hundió en el corazón del mastodonte. Una furtiva cazadora, Nube Solitaria, habiendo sido testigo del arrojo del joven cantor, le ayudó a terminar la faena.

Luego, mientras regresaban al campamento, un hilo hecho de risas y juegos los fue envolviendo y amarrando como si Nube Solitaria y Canto de Gorrión fueran dos grandes mazorcas de maíz.

Más tarde, cuando Nube Solitaria se quedó a solas con Aurora del Corazón, le preguntó:

—Madre, amo a dos valientes corazones.

—¿A cuál de ellos quieres más? —preguntó Aurora.

—A los dos por igual.

—Ningún corazón es igual a otro. Siempre hay uno que atrae más.

Crispín fue a buscar al profesor Marbello al salón de maestros.

—¿Qué tal, prof?

—¿Qué tal, Crispín?

—¿A quién le va?

—¿Cómo que a quién le voy?

—Sí, ¿a Corazón de Búfalo o a Canto de Gorrión?

—¡A quién le vas tú! Yo ya me sé el final.

—No sé. Me cae mejor Canto de Gorrión. Pero como que me da pena Corazón de Búfalo.

—Es cierto. Todos tenemos nuestro corazoncito.

Crispín no contestó. Pronto dio muestras de estar sumido en una profunda reflexión. Marbello temió lo peor. No debió haber dicho esa última frase. Pero ya era demasiado tarde.

—Oiga, prof, esos corazones con sus capas llenas, ¿son muy estables?

—Claro, Cris. Las nubes electrónicas del corazón tienen muy baja energía. Esto quiere decir que están fuertemente atraídas por el núcleo. Fíjate cómo al añadir electrones a la capa de valencia, o sea, al ir completando la capa, las nubes electrónicas se van comprimiendo. Al completarse la capa, las nubes están tan comprimidas que forman un nuevo corazón. Es el caso de los gases nobles. La configuración de capa llena, la de los gases nobles es la más estable.

—¿Y las demás configuraciones?, ¿las que no son de capa llena?

—No son tan estables. De hecho, aquellos elementos que no tienen configuración de capa llena tienden a adquirirla. En buena medida, el motor de la química es la tendencia de los átomos a adquirir una configuración *tipo gas noble*.

—¿Y cómo le hacen para adquirirla?

—Depende. En principio, perdiendo o ganando electrones.

—Por ejemplo...

—El sodio. Su configuración electrónica es: *corazón de neón, tres-ese-uno*, [Ne] $3s^1$. Es decir, tiene un solo electrón en su capa de valencia. Le faltan siete para adquirir la configuración del argón o le sobra uno para tener la del neón. Recibir siete electrones cuesta mucha energía. Deshacerse de uno también cuesta energía. Pero no tanto. Al sodio le conviene más perder un solo electrón que ganar siete.

—Lógico.

—Pero para el cloro es al revés. También tiene corazón de neón y siete electrones en su última capa. Su configuración es [Ne] $3s^23p^5$. Puede ganar uno o perder siete. Al cloro le cuesta menos energía llegar a la configuración del argón que a la del neón.

—Ah, ya entendí. A los de la izquierda de la Tabla Periódica les conviene más perder que ganar electrones.

—Ajá, son los metales.

—Y a los de la derecha, les conviene ganar electrones.

—Cierto, son los no metales.

—Oiga, prof, ¿y los de en medio?

—Los de en medio están *amolados*. El carbono, por ejemplo, tiene cuatro electrones de valencia. Por lo tanto le faltan cuatro elec-

trones para lograr la configuración del siguiente gas noble. O le sobran cuatro para la del gas noble anterior. Cualquiera de las dos
posibilidades requiere de un gran gasto de energía.

—¿Y entonces?

—Entonces, se dan sus mañas.

—¿Sus mañas?

—Bueno, es una forma de decir. Mira, *ai'* te va un ejemplo: un
carbono y cuatro hidrógenos. El carbono tiene 4 electrones de
valencia y cada hidrógeno un solo electrón. Al carbono le hacen
falta otros cuatro para adquirir la configuración del neón. Y a cada
hidrógeno le hace falta un electrón para tener la configuración del
helio. O sea, en el sistema *un carbono-cuatro hidrógenos* se tienen
sólo ocho electrones y se necesitan dieciséis para que los cinco átomos tengan una configuración de capa cerrada. Le hacen falta nada
más y nada menos que ¡otros ocho electrones!

—Ah caray. Entonces, no puede existir un compuesto que tenga
cuatro hidrógenos por cada carbono, ¿o sí?

—Sí. Claro que sí existe. Es el metano. Uno de los componentes
del gas natural.

—Y, ¿cómo le hace? ¿De dónde saca los ocho electrones que le
faltan?

—De ningún lado. Se las arregla con los que tiene.

—¿Cómo?

—Comparten pares de electrones.

—O sea, ¡nubes electrónicas!

—Ajá. Mira, le hacen así —Marbello se sentó en una banca cercana. Crispín dudó—. ¿Tienes tiempo?

—Mmmh —Crispín lo pensó un instante—. Sí, está bien, prof.
Sígame explicando.

—Excelente —dijo Marbello mientras sacaba un cuaderno—.
Mira, si cada par de electrones lo representamos con una rayita, el

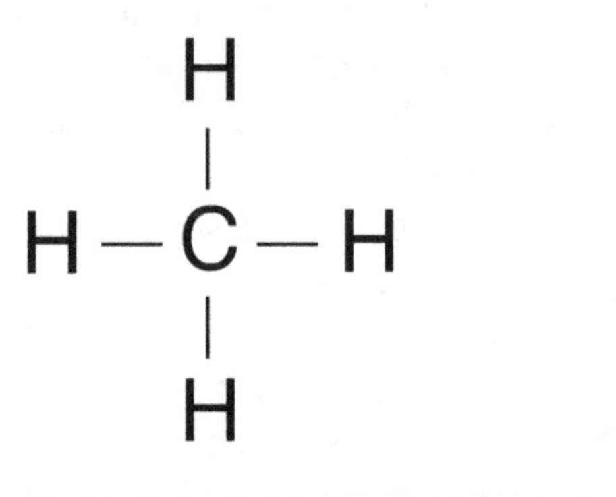

Figura 7.1.
Estructura de Lewis del metano.

metano se puede poner así (véase figura 7.1). Si te fijas, en este arreglo, los cinco átomos tienen a su alrededor una configuración estable de capa cerrada. Cada hidrógeno, dos electrones en su capa de valencia, como el helio. Y el átomo de carbono, con ocho electrones como el neón.

—Oiga, prof, yo ya conocía ese dibujo. Pero a mí me habían dicho que esas rayitas son los enlaces químicos.

—Son nubes electrónicas con la carga y la masa de dos electrones. Observa este otro dibujo (véase figura 7.2). Pero, es cierto que

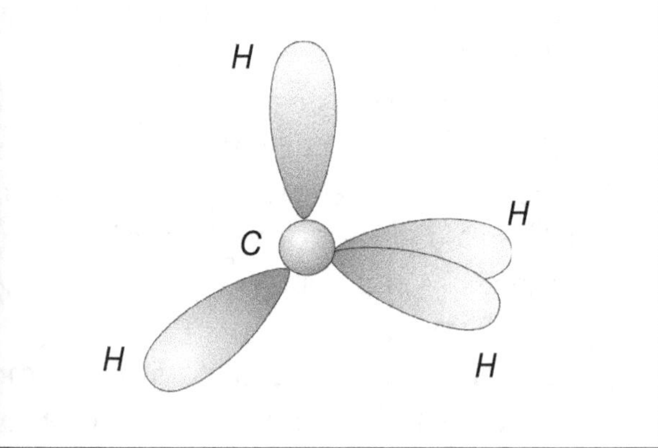

Figura 7.2.
Las nubes electrónicas en la molécula de metano.

la necesidad de compartirlas trae como consecuencia que se enlacen los átomos. A modo de poder tener distribuciones electrónicas estables se tienen que asociar. El conglomerado que se forma es una molécula, la de metano. Y los átomos ya no existen en forma independiente sino que ahora son parte de esa molécula.

—¿Eso son las moléculas, prof? ¿Átomos que se asocian para tener configuraciones electrónicas estables como las de los gases nobles?

—Tú lo has dicho, Crispín.

—*Órale*, prof. Yo siempre pensé que eso de las moléculas y los átomos era un *rollo* bien abstracto.

—No lo es. De hecho es un asunto bien concreto: cuántos átomos hay, cuántos electrones tienen y qué arreglos permiten que todos tengan una distribución electrónica de capa cerrada.

—Oiga, prof, entonces el metano debe ser una sustancia muy poco reactiva.

—¿Por?

—Si ese arreglo permite una distribución estable de los electrones, ¿para qué cambiar?

—Tienes razón. El metano es muy estable. Y para hacerlo reaccionar se necesitan condiciones muy drásticas. Sin embargo, hay otras sustancias donde el carbono y el hidrógeno se encuentran más estables aún: en el bióxido de carbono y en el agua, respectivamente. Así es que si el metano se encuentra con oxígeno y hay energía suficiente para romper las moléculas de metano, se desata una reacción química donde los productos son, precisamente, bióxido de carbono y agua.

—No, maestro, no le entendí. ¿Por qué no me la escribe así con símbolos y rayitas como le hizo con el metano?

—Por supuesto —Marbello tomó el lápiz y escribió lo que le había pedido Crispín—. Aquí está (véase figura 7.3).

$$CH_4 + O_2 \longrightarrow CO_2 + H_2O$$

Figura 7.3. Reacción de combustión del metano.

Crispín observó con detenimiento las fórmulas escritas por Marbello y se quedó cavilando un rato. Luego continuó el interrogatorio.

—Prof, no sé si estoy pensando bien las cosas pero... un átomo de hidrógeno solo no puede existir, ¿verdad?

—Al menos no por mucho tiempo —precisó Marbello.

—Porque con un solo electrón no puede tener una configuración estable.

—Cierto, Crispín. Bien pensado.

—Entonces —continuó Crispín— no hay hidrógeno solo. Siempre tiene que estar combinado, formando parte de algún otro compuesto.

—No, no, Crispín. Espérate. Los átomos de hidrógeno se pueden combinar entre sí, ¿por qué no? Y formar moléculas de puros átomos de hidrógeno. Mira —Marbello cambió de página y siguió dibujando (véase figura 7.4).

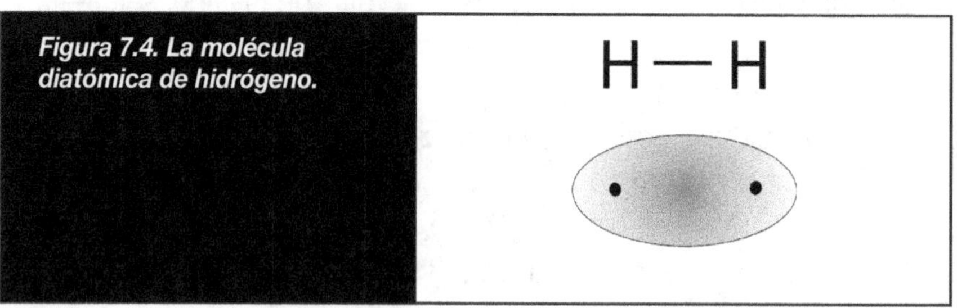

Figura 7.4. La molécula diatómica de hidrógeno.

—Prof... ¿cuántos electrones tiene el cloro en su última capa?

—Siete.

—Entonces es igual que el hidrógeno.

—¿Cómo igual?

—Sí. También debe de formar moléculas de dos átomos.

—¿Perdón? —dijo Marbello porque no había seguido al muchacho en su veloz razonamiento.

—Présteme su cuaderno, prof.

Ahora fue Crispín quien hizo uso del improvisado pizarrón (véase figura 7.5).

—Oye, Crispín, eres bueno para la química, ¿eh?

—Más bien para la aritmética.

—Es lo mismo.

—Qué cree, prof. Ya se me ocurrió otra molécula.

—¿Ah, sí? ¿Cuál?

—Hidrógeno con cloro.

—Cierto. Tienes razón... aunque... ahí pasa algo diferente.

—¿Qué cosa prof?

—Que los corazones de ambos son distintos.

—¿Distintos?

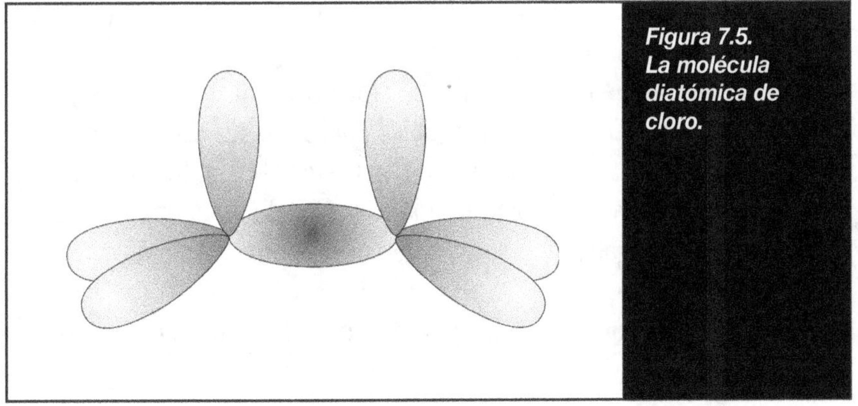

Figura 7.5. La molécula diatómica de cloro.

—Sí, Crispín. Acuérdate que los elementos con muchos electrones en la última capa son más chicos que los de pocos electrones.

—¿Los del lado derecho de la Tabla en un mismo periodo, no?

—Eso, Crispín, eso. Recuerda, pues, que la explicación era que, para esos elementos, sus electrones de la última capa eran más fuertemente atraídos. Lo mismo sucede aunque ahora el cloro forme parte de una molécula. Atrae fuertemente a todas las nubes electrónicas que lo rodean. Incluyendo la que comparte con el hidrógeno.

—¿Y eso es malo, prof?

—Ni malo ni bueno. Lo único es que la nube de enlace no se comparte equitativamente. Como el cloro *jala* más que el hidrógeno la nube se deforma así —Marbello realizó un nuevo dibujo en el cuaderno.

—Ah, la nube queda más del lado del átomo de cloro.

—Sí. Mira, en la molécula de dos hidrógenos...

—O en la de dos cloros.

—...la nube de enlace se comparte en partes iguales. Como la nube consta de dos electrones, la carga total de la nube es de "menos dos" (–2). Si partimos exactamente la nube a la mitad, de un lado queda una carga de "menos uno" (–1) y del otro también de "menos uno"(–1). Así —Marbello le mostró otro dibujo a Crispín (véase figura 7.6).

—Ajá.

—En cambio, en la molécula de cloruro de hidrógeno, los dos lados de la molécula no son iguales. Del lado del cloro la carga negativa es de "menos uno punto diecisiete" (–1.17). Mientras que del lado del hidrógeno, para que la carga total sume "menos dos" (–2), la carga negativa tan sólo es de "menos punto ochenta y tres" (–0.83).

—¿Es decir que va a sobrar carga positiva de un lado y carga negativa del otro?

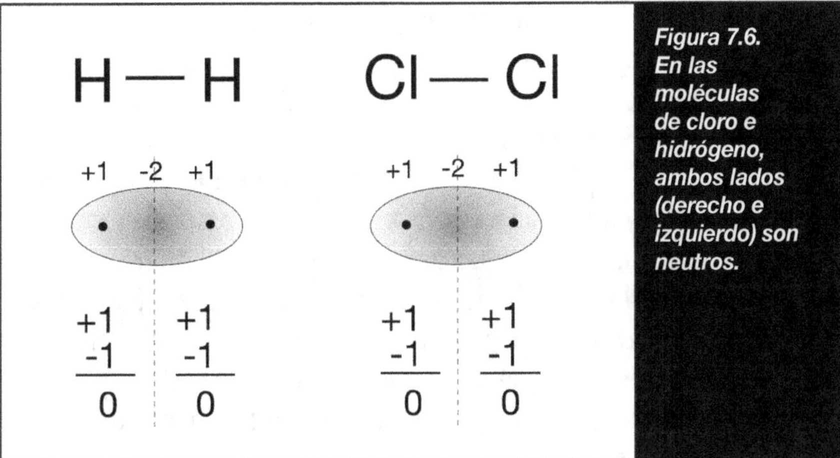

Figura 7.6. En las moléculas de cloro e hidrógeno, ambos lados (derecho e izquierdo) son neutros.

—Exacto. Se forman dos polos eléctricos. Del lado del hidrógeno queda una carga neta positiva de "más punto diecisiete" (+0.17). Y del lado del cloro una carga neta negativa de "menos punto diecisiete"(–0.17). Si ves el dibujo de la molécula del cloruro de hidrógeno te va quedar más claro (véase figura 7.7).

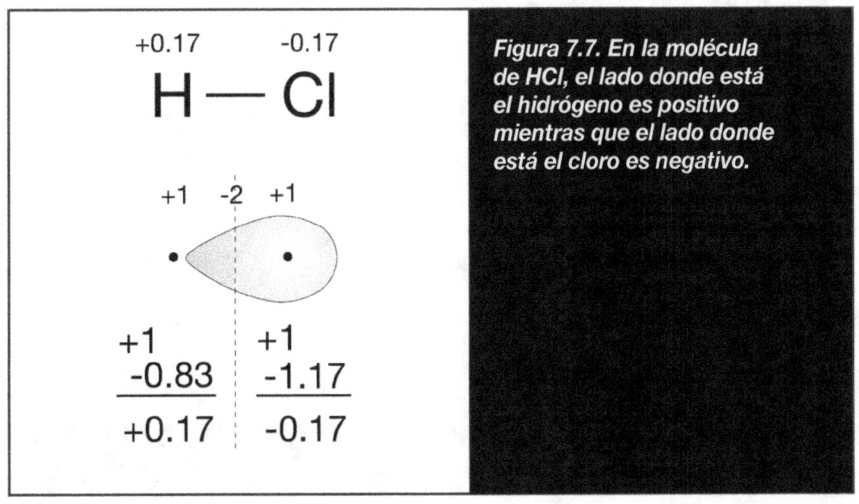

Figura 7.7. En la molécula de HCl, el lado donde está el hidrógeno es positivo mientras que el lado donde está el cloro es negativo.

—Bueno, pero de todos modos es neutra, ¿no?

—¡Claro! Hay el mismo número de cargas negativas que de cargas positivas. Sólo que están mal repartidas.

—Como la riqueza en nuestro país...

—Algo así, Crispín. El caso es que esta polaridad le da al cloruro de hidrógeno (y a cualquier otra sustancia polar) propiedades muy peculiares. A una cierta distancia, una molécula polar atrae a otra también polar. La parte positiva de una molécula es atraída por la parte negativa de otra molécula de esta manera —señaló Marbello sobre la hoja de su cuaderno (véase figura 7.8)—. Así es que las moléculas de cloruro de hidrógeno terminan estando más cerca de lo que estarían si no presentaran polos eléctricos.

—¿Y eso es importante?

—¡Importantísimo! Si no fuera por eso, el agua no sería líquida a esta temperatura y presión. Ni las proteínas del cuerpo podrían tener las formas que tienen. Es más, podrá parecerte poca cosa, pero el hielo en los refrescos no flotaría con singular alegría, como

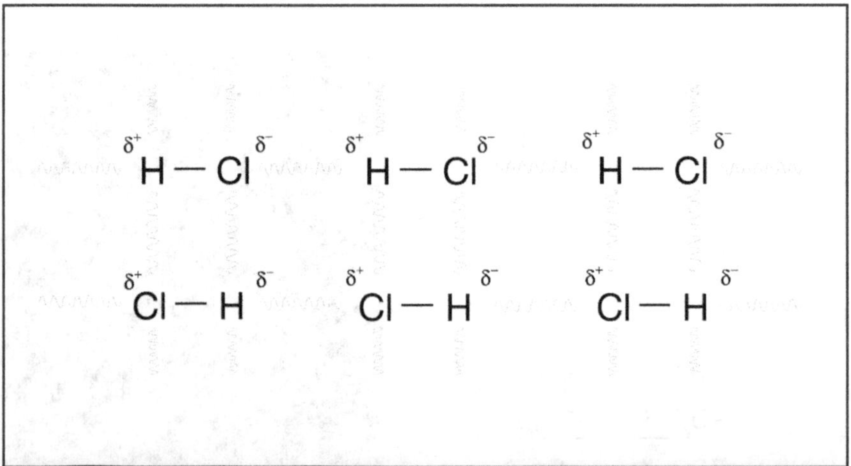

δ^+ H — Cl δ^- δ^+ H — Cl δ^- δ^+ H — Cl δ^-

δ^+ Cl — H δ^- δ^+ Cl — H δ^- δ^+ Cl — H δ^-

Figura 7.8. Atracción intermolecular en el HCl.

lo hace, sino que se hundiría de la manera más deprimente que te puedas imaginar.

—Oiga, prof, ¿a poco se sabe el valor de todos los dipolos de todas las sustancias?

—No, Crispín. Lo que pasa es que anoche estuve preparando la clase y se me quedó grabado el del cloruro de hidrógeno. Pero, en todo caso, no se necesita saberlos todos. Existe una propiedad —que los químicos llaman *electronegatividad*— que da una idea de qué átomos atraen más a las nubes electrónicas dentro de un enlace. Mira.

El profesor Marbello sacó un libro de su portafolios. Con gran parsimonia buscó en él hasta que, por fin, encontró una tabla (véase figura 7.9).

—En la Tabla Periódica —continuó Marbello—, la electronegatividad aumenta de izquierda a derecha y de abajo arriba. Así es que los elementos más electronegativos se encuentran arriba a la derecha; y los menos, abajo a la izquierda. Los elementos que se encuentran cerca forman enlaces no polares. Y los que se encuentran lejos en la Tabla forman enlaces muy polares.

Crispín se quedó analizando detenidamente la escala de electronegatividad. Luego preguntó:

—Oiga, prof, ¿y la molécula de cloruro de sodio? Ahí la separación de cargas debe de ser más pronunciada, ¿no?

—¡No, no, cuidado! El cloruro de sodio no forma moléculas discretas. Forma una red cristalina tridimensional.

—¿Que, que, qué?

—Perdón, Crispín, déjame explicártelo. Es tan grande la diferencia con que el sodio y el cloro atraen las nubes electrónicas que, en efecto, se forma un polo de "más punto seis" (+0.6) del lado del sodio y otro de "menos punto seis" (−0.6) del lado del cloro. En estas circunstancias, la atracción entre los polos es tan grande que

H 2.1																
Li 1.0	Be 1.5											B 2.0	C 2.5	N 3.1	O 3.5	F 4.1
Na 1.0	Mg 1.3											Al 1.5	Si 1.8	P 2.1	S 2.4	Cl 2.9
K 0.9	Ca 1.1	Sc 1.2	Ti 1.3	V 1.5	Cr 1.6	Mn 1.6	Fe 1.7	Co 1.7	Ni 1.8	Cu 1.8	Zn 1.7	Ga 1.8	Ge 2.0	As 2.2	Se 2.5	Br 2.8
Rb 0.9	Sr 1.0	Y 1.1	Zr 1.2	Nb 1.3	Mo 1.3	Tc 1.4	Ru 1.4	Rh 1.5	Pd 1.4	Ag 1.4	Cd 1.4	In 1.5	Sn 1.7	Sb 1.8	Te 2.0	I 2.2
Cs 0.9	Ba 0.9	La 1.1	Hf 1.2	Ta 1.4	W 1.4	Re 1.5	Os 1.5	Ir 1.6	Pt 1.5	Au 1.4	Hg 1.5	Tl 1.5	Pb 1.6	Bi 1.7	Po 1.8	At 2.0
Fr 0.9	Ra 0.9	Ac 1.0														

Lantánidos: 1.0-1.2
Actínidos: 1.0-1.2

Figura 7.9. Tabla de electronegatividades de Pauling.

ya no se distinguen las moléculas. En el cloruro de sodio, por ejemplo, cada sodio está rodeado por seis cloros. Las seis distancias sodio-cloro son idénticas. Observa esta figura (véase figura 7.10). Ya no se puede hablar de moléculas. ¿Cuál de los seis cloros es el de "la molécula" del sodio si todos se encuentran a la misma distancia de él? De la misma manera cada cloro está rodeado por seis sodios, todos a la misma distancia. En síntesis, cuando la magnitud del dipolo es demasiado grande, en vez de moléculas separadas, se forma un arreglo tridimensional donde cada átomo se comporta individualmente como una especie cargada. Como a las partículas cargadas se les denomina *iones*, a las sustancias que muestran este comportamiento se les conoce como *sólidos iónicos*.

—A ver, prof, déjeme ver si le entendí. Los átomos se unen unos con otros para tratar de adquirir una configuración tipo gas noble, ¿sí es así?

—Ajá, es un problema de carencia. Como ninguno de los átomos involucrados tiene el número suficiente de electrones para formar una capa cerrada, los poquitos que tienen los comparten. Y así todos pueden alcanzar dicha configuración.

—*Oquei*, los electrones no se comparten de cualquier manera sino a través de pares de electrones, ¿no?

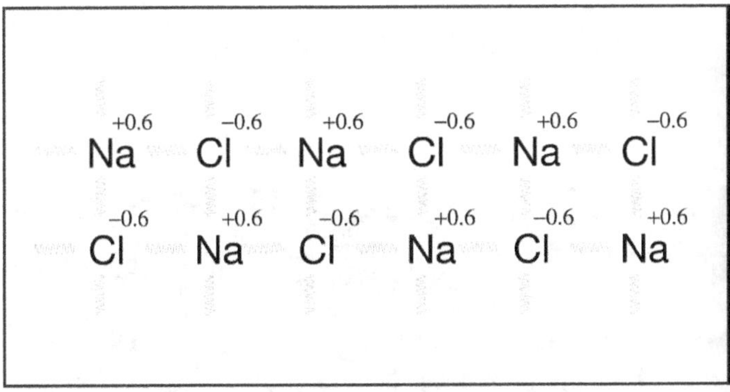

Figura 7.10. Arreglo iónico en un cristal de cloruro de sodio.

—Sí.

—Un par de electrones entre cada dos átomos, ¿verdad?

—No.

—¿No?

—No. Depende de cuántos electrones se tengan en total. Mira, los átomos de cloro tienen siete electrones en su última capa. Dos átomos de cloro tienen catorce electrones en total. Con sólo compartir un par es suficiente para que ambos tengan a su alrededor un ambiente electrónico parecido al que tienen los gases nobles. En cambio, ¿cómo le haces con dos oxígenos? Cada uno tiene seis electrones de valencia. En total sólo poseen doce electrones. Eso los obliga a compartir dos pares de electrones. Observa esta representación —el experimentado maestro le mostró una nueva ilustración (véase figura 7.11).

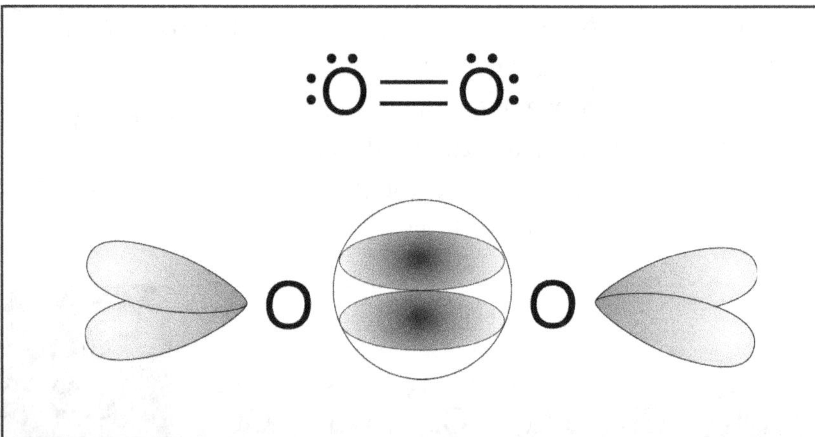

Figura 7.11. En la molécula de oxígeno, al no haber suficientes electrones, se tienen que compartir cuatro electrones entre los dos átomos de oxígeno. Esto obliga a la formación de una nube doble y, por lo tanto, a la presencia de dos pares electrónicos en una misma región del espacio.

—Cada par de electrones es una nube con la masa y la carga de dos electrones, ¿no?

—Por supuesto, son dos nubes electrónicas en una misma región o dominio: entre los átomos de oxígeno. Observa cómo están distribuidas. Podríamos decir que se trata de una nube doble.

—Prof, ¿el nitrógeno puede formar moléculas de dos átomos?

—¡Claro! De hecho, así es como se encuentra en forma natural, en moléculas diatómicas.

—Ah, entonces tiene que haber un triple enlace entre los dos nitrógenos —expresó Crispín con la misma naturalidad con la que alguien podría decir: "mira, esa flor es roja".

—¡Crispín! ¿Por qué siempre me maravillas, eh?

—No es eso, prof. Sino que el nitrógeno está un lugar antes que el oxígeno en la Tabla Periódica. A fuerza tiene un electrón menos en su última capa. Y, por lo tanto, dos nitrógenos tienen dos electrones menos que dos oxígenos. Eso los obliga, según usted, a compartir otro par. Entre ellos debe haber una nube triple. Así —el quinceañero dibujó una estructura para la molécula de nitrógeno (véase figura 7.12).

—Es más, prof, para que se vaya de espaldas, le apuesto lo que quiera a que en la molécula diatómica de carbono hay un enlace cuádruple.

—¿En serio? —le brillaron los ojos al astuto profesor.

—Sí, en serio. Hay cuatro enlaces —dijo Crispín con gran aplomo.

—No. Digo que si en serio me apuestas lo que sea.

—Mmh, siií —dudó el muchacho.

—Bien, ¿qué tal cien pesos? —propuso Marbello, feliz de la vida.

—Estee, mejor un refresco, mañana —le compuso el jovenzuelo.

—¡Sale! Acepto.

—¿Entonces?

—Entonces, me debes un refresco. No se puede formar un en-

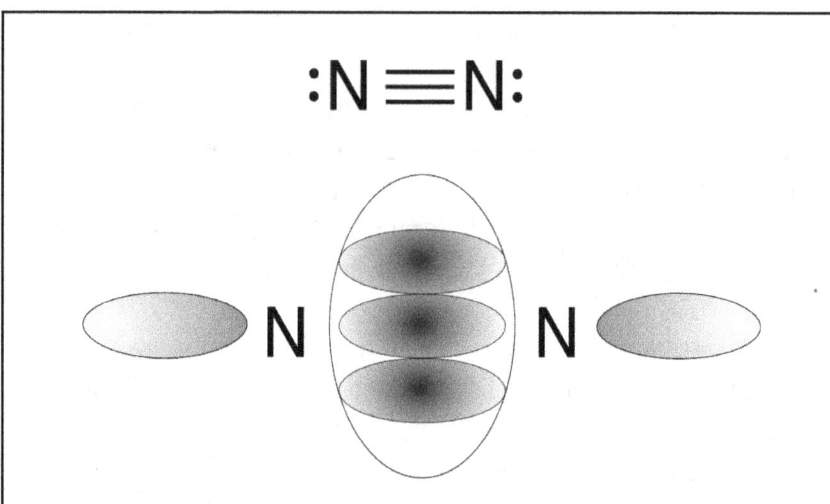

Figura 7.12. *En el nitrógeno, la carencia de electrones obliga a la presencia de tres pares de electrones en una misma zona del espacio, dando lugar a la formación de una nube triple.*

lace cuádruple entre dos átomos de carbono. Sería demasiada carga negativa en un espacio tan pequeño.

—¡Chin!

—Estuvo bien pensado pero... en la naturaleza no ocurre. Ni modo —dijo sonriente el experimentado profesor.

—*Tá* bien, prof, mañana se lo pago. Ah, pero no me dejó terminar mi resumen de lo que entendí.

—Adelante.

—Bueno, no siempre los átomos que se unen son iguales. Cuando se unen átomos de distintos elementos existe la posibilidad de que la nube no se comparta equitativamente y eso hace que se formen polos eléctricos en la molécula. La atracción entre los polos opuestos hace que las moléculas se acerquen. Pero si la carga en los polos es muy grande las *quesque* "moléculas" se acercan tanto que ya no se distinguen unas de otras. Y en vez de moléculas separadas lo que se tiene es una especie como de enrejado continuo. ¿Es eso, prof?

—Sí, lo entendiste muy bien. Y es tan dramática la diferencia entre un arreglo molecular y uno iónico que el cloruro de hidrógeno y el cloruro de sodio tienen propiedades físicas muy diferentes no obstante que hay muy poca diferencia en sus masas. El cloruro de hidrógeno es un gas a temperatura ambiente. Mientras que el cloruro de sodio es un sólido que tú conoces muy bien: la sal de cocina.

—Ya lo sé, prof —respondió Crispín tratando de ocultar su sorpresa.

—Los compuestos que, como el cloruro de hidrógeno, tienen un arreglo molecular se llaman compuestos covalentes. Y los que se parecen al cloruro de sodio, compuestos iónicos. Todos los compuestos iónicos son sólidos a temperatura ambiente. De los covalentes, en cambio, se conocen sólidos, líquidos y gases.

—Oiga, prof, ya me tengo que ir pero, ¿sabe qué no entiendo?

—¿Qué?

—Eso, lo de los líquidos, los sólidos y los gases.

—Ah, eso también se explica con las nubes electrónicas. Mira, cuando...

—Prof, me tengo que ir. ¿Por qué no me lo cuenta mañana?

—*Oquei*, Crispín, mañana te lo platico. Por *ai'* me pagas mi refresco.

—Claro, prof.

—Un momento, Crispín. Mañana es domingo.

—No importa, prof. ¡Hasta mañana!

8

Humo, roca y agua

Si las moléculas de aire fueran del tamaño de una canica, una de ellas tendría que recorrer 10 metros antes de chocar con otra.

 Nube Solitaria, confundida, no hallaba una respuesta dentro de su corazón. Mientras tanto, su padre, Gran Relámpago de la Pradera, calentaba una olla de agua sobre la fogata. La hermosa princesa hidatsa aprovechó para interrogarlo.

—Padre, ¿qué es el humo?

—El humo, hija, es la libertad. Siempre se escapa, siempre se va. Y, si te fijas bien, pequeña Nube, la libertad es un disfraz de la sabiduría. El humo, cuando se escapa, lo abarca todo. No tiene una

111

sola forma, siempre busca las alturas y tiende a escapar hacia el infinito.

—¿Y la roca, padre, qué significa la roca?

—La roca es, ante todo, el orden. Porque la firmeza y la solidez sólo se consiguen con el orden. La roca, al contrario del humo, tiene una forma bien definida pero, en compensación, no es capaz de abarcar más que su propio espacio. Pequeña Nube, la roca y el humo son opuestos pero ambos indispensables en el carácter de los seres humanos. El espíritu del hombre debe contener ambos principios para poder ser sólido como la roca y libre como el humo a un mismo tiempo.

—¿Y entonces, Gran Relámpago, el río, qué es el río?

—El río es movimiento y elasticidad. Por eso fluye adaptándose a su cauce. No tiene forma propia sino que se adapta a la de la tierra sobre la que corre. No es ni la quietud de la roca ni el alocado escapar del humo. Es algo intermedio, es el puente entre el orden y el desorden, entre lo asible y lo inasible.

Nube Solitaria no agregó más. Los siguientes minutos miró, con embeleso, cómo el fuego danzaba entre las llamas. Ella, ahora lo sabía, era el humo que siempre busca las alturas y tiende a escapar hacia el infinito.

Crispín saltó ágilmente desde el camión en movimiento. Las piernas fuertes del ágil basquetbolista frenaron suavemente al resto del cuerpo. Sus ojos agudos buscaron la numeración en las casas cercanas.

—Treinta y cinco... treinta y siete —murmuró apenas— ¡treinta y nueve!

Crispín tocó el timbre. Un niño de unos 8 años le abrió la puerta.

—¿Se encuentra el profesor Marbello?

—Un momento —contestó el niño—. ¡Jefaa! Buscan a mi abuelo... Pásele. Ahora viene. ¿Gusta un refresco?

—No, gracias. Yo traigo —sonrió Crispín mostrando una bolsa de mandado con dos enormes refrescos.

—¿Quiere hielos, señor? —preguntó sorprendido el nieto de Marbello.

—Sí, por favor —contestó divertido el buen Crispín.

Quince minutos después, Marbello encontró a Crispín, muy serio, observando dos enormes refrescos de naranja.

—¿Puedo? —El maestro tomó uno de los vasos.

—¡Claro, prof! Si es para usted... Es su botín de guerra —caló a su profesor.

—¡Crispín! —se puso muy serio el experimentado maestro de química.

—Perdón, prof, es que hay algo que no entiendo —le cambió hábilmente la plática.

—¿Qué cosa, Crispín?

—Lo de la polaridad de las moléculas... Usted dijo que si la nube electrónica no se comparte... este... ¿cómo le explico?... Sí, o sea, que si la distribución de la nube no es pareja entre los dos átomos, entonces se forma un dipolo eléctrico, ¿no? Lo que le quiero preguntar es si... porque... digo, hay otras moléculas, ¿no? O sea, ¿qué pasa entre ellas?... Porque están cargadas, ¿no? Quiero decir sus extremos, es decir, que tienen un extremo positivo y otro negativo y las otras moléculas también, ¿no? Entonces, ¿qué pasa si se encuentran?, ¿se atraen?, ¿se repelen? Perdone, prof, no le puedo explicar bien... Es decir que...

—Está bien, está bien, Crispín. Ya te entendí. Claro, si hay muchas moléculas con polos eléctricos debería haber algún tipo de interacción eléctrica entre ellas, ¿no?

—Ándele, prof, eso...

—Por supuesto que hay muchas interacciones. Imagínate cada vez que se encuentran el polo positivo de una molécula con el polo, también positivo, de otra, se genera una repulsión y las moléculas tienden a separarse.

—A ver, prof —Crispín le extendió un lápiz y un papel.

—Así —contestó el profesor mientras realizaba unos cuantos trazos (véase figura 8.1)—. Pero al revés también ocurre. Es decir, cuando se encuentran polos del mismo signo, de distintas moléculas, se atraen y entonces las moléculas tienden a juntarse. Mira —Marbello hizo otro dibujo (véase figura 8.2).

—¿Y quién gana, prof?, ¿las atracciones o las repulsiones?

—Las atracciones, Crisp. Las moléculas tienden a acomodarse de tal modo que sean máximas las atracciones y mínimas las repulsiones.

—¿Me lo puede dibujar, prof?

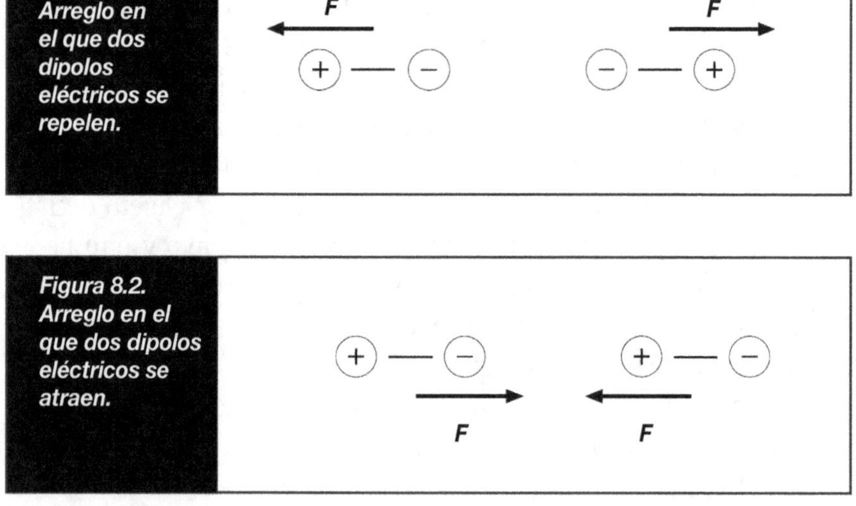

Figura 8.1. Arreglo en el que dos dipolos eléctricos se repelen.

Figura 8.2. Arreglo en el que dos dipolos eléctricos se atraen.

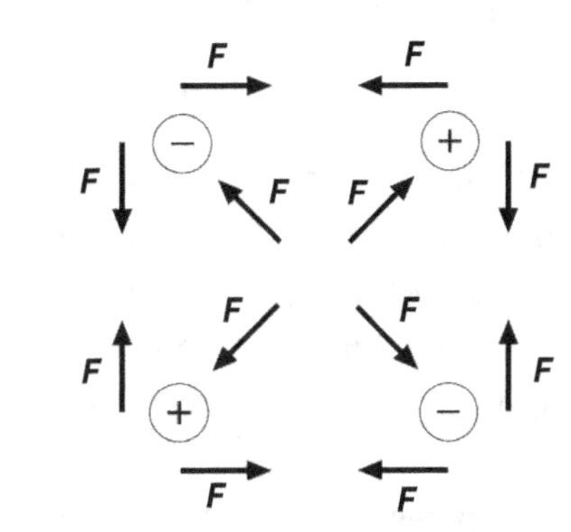

Figura 8.3. *Arreglo de dos dipolos eléctricos donde se maximizan las atracciones y se minimizan las repulsiones.*

—Claro, muchacho. A ver, veamos. Te voy a hacer un dibujo (véase figura 8.3).

—Fíjate cómo en este arreglo los polos opuestos quedan más cerca que los polos con cargas iguales. Ésa es la razón por la cual el resultado neto es de atracción y no de repulsión.

—Ni de empate.

—Ni de empate, Crispín.

—Oiga, prof, pero no todas las partículas forman dipolos eléctricos.

—¡Todas los forman! Lo que pasa es que las que llamamos *polares* forman dipolos permanentes. Mientras que las *no polares* sólo forman dipolos instantáneos.

—¿Cómo?

—Recuerda que las nubes electrónicas no son estáticas sino que se están moviendo: tienen movimiento angular. Ocasionalmente, al moverse, se deforman dando lugar a una distribución no simétrica. Por un instante, una parte de la partícula queda con un exceso de nube electrónica mientras que en alguna otra parte se presenta un defecto. Por supuesto, este dipolo sólo dura un tiempo muy corto. Un instante después, la nube se rearregla y desaparece el dipolo eléctrico.

—Pero no tiene a qué atraer, ¿o sí?

—Sí, Crispín, porque mientras dura el dipolo instantáneo es capaz de inducir un dipolo en las partículas vecinas. De tal manera que hay una atracción que se llama *dipolo instantáneo-dipolo inducido*. Dado su carácter ocasional, es muchísimo más débil que la interacción *dipolo permamente-dipolo permanente* que ocurre en las partículas polares como el HCl.

—O sea, que entre las moléculas polares hay interacciones dipolo permanente-dipolo permanente y entre las no polares interacciones dipolo instantáneo-dipolo inducido.

—Así es, Crispín.

Crispín se quedó callado con la vista fija en su refresco.

—En qué piensas, Crispín, lo interrumpió Marbello.

—Estaba pensando en Nube Solitaria y en Gran Relámpago.

—¿Ah, sí? ¿Y qué pensabas sobre ellos?

—Que lo que ellos llamaban humo, roca y río no son otra cosa más que lo que ahora llamamos gas, sólido y líquido.

—¡Ah, sí!

—Prof, ¿*qué onda* con lo sólido, lo líquido y lo gaseoso?

—Son los estados de la materia. Es más, son los estados de agregación de la materia.

—¿De agregación?

—Sí, los estados de la materia dependen de qué tan juntas estén las partículas que la constituyen. De qué tan "agregadas" estén. Si las partículas están muy pero muy lejos entre sí, la materia se comporta de un cierto modo. Si, por el contrario, sus partículas se encuentran muy cerca unas de las otras, su comportamiento es otro distinto. Y, por último, si las partículas se hallan cerca, pero no tanto, se puede distinguir un tercer comportamiento.

—¿Y cuál es cuál, prof?

—Mira, en el estado gaseoso, cada partícula viaja en línea recta a gran velocidad hasta que alcanza a otra y se desvía. O hasta que choca con la pared del recipiente. La distancia promedio entre las moléculas suele ser enorme en comparación con su tamaño.

—¿Qué tanto, prof?

—Ah, caray, pues no sé... pero, a ver, déjame ver.

Marbello se dirigió a su librero y extrajo un enorme libro de fisicoquímica.

—¿Para qué sirven los libros si no? Mira, aquí está: "la trayectoria libre media para las moléculas de aire a 0 °C y presión de 1 atm es aproximadamente de mil diámetros moleculares". Es decir, si las moléculas del aire fueran del tamaño de una canica (de un centímetro de diámetro), una de ellas tendría que recorrer proporcionalmente... ¡10 metros! Antes de chocar con otra.

—¡Órale! Están bien lejos.

—Sin embargo, se mueven a una velocidad enorme. Tanto así, que cada molécula de aire, en las condiciones que te dije, interviene, en promedio, en... ¡5 mil millones de choques por segundo!

—¡Újule!

—Ahora, recuerda que el aire no es una sustancia pura sino una mezcla. Está formado principalmente por nitrógeno, oxígeno y argón. Por supuesto que las moléculas de nitrógeno, oxígeno y los átomos de argón tienen velocidades promedio distintas.

—No, maestro, yo no entiendo por qué es tan claro que deben tener diferentes velocidades.

—Perdón, Crispín, es que no te dije algo importantísimo. De hecho, lo más importante. Y es que la energía cinética promedio de las moléculas depende exclusivamente de la temperatura. O dicho de otro modo, la temperatura no es otra cosa más que... ¡una medida de la energía cinética promedio!

—¿Y por qué moléculas diferentes viajan a velocidades diferentes? —insistió Crispín, ajeno a la emoción de su profesor.

—Ah, pues por eso. A una misma temperatura, todas las moléculas tienen la misma energía cinética promedio. En el caso del aire, a 0 °C y una atmósfera de presión, todas las partículas tienen aproximadamente la misma energía cinética promedio. Observa esta tabla (véase tabla 8.1). Dado que las partículas de cada elemento tienen masas diferentes, para tener la misma energía cinética forzosamente deben tener distintas velocidades. Las partículas más pesadas serán más lentas que las partículas más ligeras.

Tabla 8.1. Rapidez de algunas moléculas.

Gas	Masa molecular g/mol	Vel. prom. (a 0 °C) g/mol	Energía cinética de traslación por mol (a 0 °C) $1/2mv_{prom.}^2$, J/mol
H_2	2.02	1,838	3,370
He	4.0	1,311	3,430
H_2O	18	615	3,400
Ne	20.1	584	3,420
N_2	28	493	3,390
CO	28	493	3,390
Aire	28.8	485	3,280
O_2	32	461	3,400
CO_2	44	393	3,400

Fuente: Halliday y Resnick, Fundamentos de física.

—Y entonces, prof, ¿qué tienen que ver en todo esto las atracciones intermoleculares?

—En estas condiciones, es decir en el estado gaseoso, casi nada. Las fuerzas de atracción intermoleculares son de muy corto alcance, así es que para que tengan efecto se requiere que haya menos distancia entre las partículas o que éstas se muevan más lentamente.

—¿Y cómo se puede hacer eso?

—Bajando la temperatura, haces que la velocidad de las partículas disminuya. Y aumentando la presión haces que la distancia promedio entre las partículas se haga menor. Cualquiera de las dos cosas haría que las partículas quedaran atrapadas por las fuerzas intermoleculares.

—Es decir, dejarían de moverse.

—En el peor de los casos, dejarían de trasladarse. No de moverse porque seguirían vibrando alrededor de una posición fija. Sería el caso del estado sólido. Pero hay un caso intermedio: aquél en el que las partículas se encuentran suficientemente cerca como para sentir el efecto de las fuerzas intermoleculares pero aún poseen una gran velocidad promedio. En estas circunstancias, se siguen trasladando pero ya no libremente sino que "arrastrando" en su movimiento a muchas otras moléculas. ¿Entiendes, Crispín?

—Sí...

—Mira, es fácil si te fijas en las densidades. Observa esta tabla (véase tabla 8.2). Los gases ocupan mucho más volumen que los sólidos y los líquidos. La densidad de los gases es muy pequeña. Sin embargo, las densidades de los líquidos y los sólidos son semejantes. En los gases, las partículas se mueven con entera libertad porque las interacciones intermoleculares no tienen el alcance suficiente. En cambio, en los líquidos y en los sólidos, las partículas se encuentran al alcance de las fuerzas intermoleculares. La diferencia, entonces, entre líquidos y sólidos es la energía cinética de las partículas y la fuerza de las interacciones que intervienen.

—No, prof, no puede ser.

—¿Qué no puede ser? —preguntó indignado Marbello.

—Si es cierto que los estados de agregación, en principio, sólo dependen de la energía cinética, entonces todas las sustancias a una misma temperatura deberían tener el mismo estado de agregación. Cosa que no es cierta, ¿verdad?

—No, Crispín, lo estás pensando mal. Primero, hay una gran diferencia entre las sustancias polares y las no polares. Las fuerzas de atracción entre dipolos permanentes son muchísimo más intensas, y por lo tanto de mayor alcance, que las que se dan entre dipolos instantáneos. Para estos dos tipos de sustancias, habrá una temperatura a la cual van a presentar distintos estados de agregación, ¿oquei? Bueno, y la otra diferencia importante es la masa de las partículas. Acuérdate de que la energía cinética también depende de la masa. Y que dos partículas con la misma energía cinética pero diferente masa tienen distintas velocidades.

—¡Claro! Lo que me explicó de los componentes del aire, ¿no?

—¡Ajá! Este argumento sirve para explicar por qué existen sustancias polares con distintos estados de agregación.

—Bueno, entonces, ahora sí, tiene que ser cierto que todas las sustancias no polares son gaseosas. No tienen dipolos permanentes, por lo tanto sus interacciones deben ser muy débiles, causadas sólo por dipolos instantáneos.

—¿Apostamos?

—No, ya no, prof, le creo.

—Hay una razón que explica por qué encontramos sustancias no polares con diferente estado de agregación: el tamaño de las partículas. Las interacciones débiles de los dipolos instantáneos, llamadas de Van der Waals, dependen del área de las partículas. Entre más grandes son las partículas, mayor es el área expuesta y mayores las fuerzas de Van der Waals. Por eso las sustancias formadas por partículas grandes tienden a ser sólidas o líquidas.

—Ah... —dijo Crispín lacónicamente.

El profesor Marbello, intuyendo que no había sido suficientemente explícito, trató de buscar una mejor manera de explicar la diferencia entre los estados de agregación de la materia. De pronto, Crispín exclamó:

—Ya sé, prof.

—¿Ya sabes qué, Crispín?

—Ya sé cómo son los estados de la materia.

—¿Ah, sí? —preguntó el viejo maestro con un dejo de burla.

—Sí, mire, tome usted una bolsa de plástico. Llénela completamente de canicas. Ciérrela bien. Y ahora agítela. Las canicas prácticamente no se van a mover del lugar en el que están. Eso es el estado sólido. Ahora tome una bolsa un poco más grande. Ciérrela y agítela. Ahora sí, las canicas se mueven unas respecto a otras pero se siguen tocando. Éste es el estado líquido. Ahora, tome una bolsota, del tamaño de un costal. Ciérrela bien y agite. Las canicas se van a mover a lo loco, desplazándose grandes distancias comparadas con su tamaño y chocando de vez en cuando con otras canicas.

Marbello se quedó sin habla.

Sal y agua...

Se ha descubierto que las partículas subatómicas, como los electrones, protones y neutrones, además de comportarse como cuerpos, exhiben un indiscutible comportamiento ondulatorio.

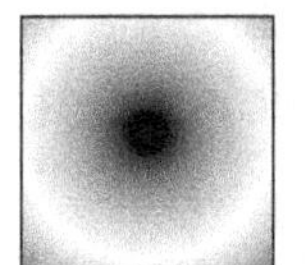

En la madrugada, Nube Solitaria salió a explorar. Con paso seguro regresó al acantilado donde había disparado contra el bisonte. Ahí, trepó hasta la copa de un enorme pino. Lo que vio fue el espectáculo más bello que pudiera imaginar. En la penumbra adivinó cómo las aguas veloces del Gran Río se iban a encontrar con otras aguas que no venían de ninguna parte más que del horizonte. Y de este encuentro se levantaba un murmullo suave que lo inundaba todo. Luego, desde el confín del mundo, un punto de luz se asomó. Y entre todo lo que existía, la escogió a ella y la iluminó. Nube Solitaria se irguió sobre la rama que la sostenía y, así, con la cabellera al viento, recibió el amanecer.

Una nube de agua se levantó del mar. La nube giró en un alegre remolino. Y luego dibujó contra el rosado cielo, el rostro de un joven guerrero hidatsa. Después se desvaneció.

Nube había tomado una decisión.

Descendió rápidamente y regresó al campamento lo más pronto que pudo. Se dirigió a la tienda donde aún dormían el circunspecto Corazón de Búfalo y el alegre Canto de Gorrión. Sólo despertó a uno. ¡Al elegido!

Los dos enamorados, a bordo de una canoa de piel, emprenden el viaje. El río, celoso quizá, enfurece de pronto. Inmensos trozos de hielo chocan y saltan, unos sobre otros, a gran velocidad. Los músculos indios se tensan. Los remos y las cuerdas indias se tensan. Una lucha estéril contra el poderoso río.

¿Cuánto tarda la piel de una canoa en desgarrarse en tragedia? ¿Cuántos instantes se necesitan para que la nave india naufrague? ¿Cuántos destellos surgen de ese gigantesco bloque de hielo antes de que choque con la frágil embarcación? ¿Cuánto tiempo tarda la mortal vorágine en convertirse en angustiosa calma? ¿Cuánto tarda el río en volverse mar?

Desde lo alto, una nube y un ave siguen el cauce. La serpiente de agua se repite idéntica en las alturas hasta desembocar al mar. Desde lo alto, una nube y un ave descubren, tendidos sobre la playa, junto a una dañada canoa, a dos hidatsas enamorados.

Los amantes miran hacia atrás. Hacia el río, por donde la tribu regresa a casa. Luego, observan maravillados cómo una nube solitaria atraviesa el cielo acompañada de un canto de gorrión.

—¿Vamos? —pregunta ella.

—¡Vamos! —responde él.

Nube Solitaria vacila. Mira el río. Y también mira el mar. Luego, ya decidida... lanza el bote hacia el azul infinito.

—¿A dónde? —inquiere juguetonamente el joven.

—¡A conquistar el Sol!

Crispín no hizo gran caso de la ostensible sorpresa que causó en su profesor e inmediatamente continuó su reflexión:

—Entonces, prof, según esto, sólo hay dos tipos de interacciones posibles, ¿no? Las dipolo permanente-dipolo permanente, para las sustancias polares, y las dipolo instantáneo-dipolo inducido, para las no polares, ¿estoy bien?

—Sí, para las sustancias puras pero no para las mezclas.

—¿Las mezclas?

—Sí, por ejemplo, tu refresco. Es una mezcla de cosas. Tiene agua líquida, tiene agua sólida. Tiene colorantes, tiene saborizantes. Dudo que tenga extracto de frutas, pero... ¡Ah! Y tiene azúcar.

—¿Y también se atraen entre sustancias diferentes?

—También. Todas las sustancias están constituidas por partículas: átomos, moléculas o iones, ¿no? Y éstas están formadas por una parte positiva, los núcleos, y una negativa, las nubes electrónicas, ¿verdad? La distribución de éstas alrededor de aquéllos da lugar a dipolos eléctricos. Algunas veces se forman dipolos permanentes, otras sólo instantáneos. Por lo tanto, cualquier sustancia puede interactuar con cualquier otra.

—¿Por eso desaparece a la vista?

—Por eso desaparece ¿qué?

—El azúcar. Cuando tomamos el azúcar con la cuchara, se ve claramente. Pero al caer en el agua, desaparece. Mire el refresco, se supone que tiene azúcar, pero la verdad es que no se ve.

—Bueno, desaparece de nuestra vista porque nuestros ojos no son capaces de ver objetos demasiado pequeños. En los granos de azúcar hay miles de trillones de moléculas de sacarosa juntas. No podemos ver una sola molécula pero un bloque de diez mil trillones, sí. Como en la sacarosa hay varios enlaces polares, las interacciones dipolo-dipolo entre moléculas las atrapan en ciertas posiciones impidiendo su movimiento. Por eso el azúcar es sólido en estas condiciones de presión y temperatura. Cuando la vertemos en agua, los dipolos del agua interactúan con los de la sacarosa. Las pequeñas moléculas de agua rodean a las enormes moléculas del azúcar. Las moléculas de sacarosa se disgregan y se difunden en el agua. Ya no hay bloques de miles de trillones de moléculas sino moléculas sueltas, separadas en una situación muy similar a la de la fase gaseosa. Nuestros ojos tendrían que ser capaces de ver objetos del tamaño de una molécula, para poder ver el azúcar. Lo que sí podemos ver es el agua, que es un conglomerado de cuatrillones de moléculas en movimiento pero lo que está disuelto en ella, no.

—Así como lo platica, la disolución del azúcar también se debe a las interacciones dipolo-dipolo, ¿no? ¿Lo mismo pasa con la sal, prof?

—Más o menos, excepto que, como ya habíamos dicho, en los granos de sal no hay moléculas discretas sino un conjunto enorme de partículas cargadas, los iones, dispuestas en un arreglo donde las distancias entre las cargas opuestas son menores a las distancias entre cargas del mismo signo. Cuando se agrega la sal al agua, la interacción entre iones se sustituye con interacciones entre los iones y los dipolos de las moléculas de agua. Los iones que forman el cristal de cloruro de sodio se disgregan y se difunden en el líquido. Cada ion es rodeado por miles de moléculas de agua. Los iones positivos de sodio se verían más o menos así (véase figura 9.1) y los iones cloruro, Cl^-, se verían de este otro modo (véase figura 9.2). Date cuenta de que el extremo negativo del agua se orienta

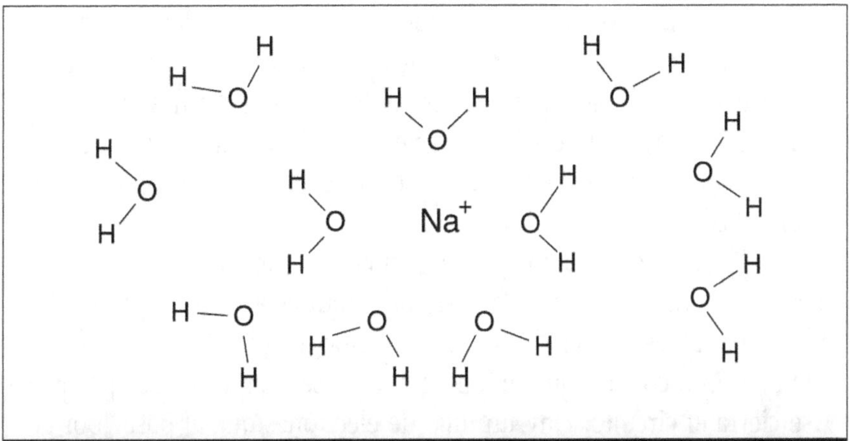

Figura 9.1. Solvatación del sodio más (Na⁺).

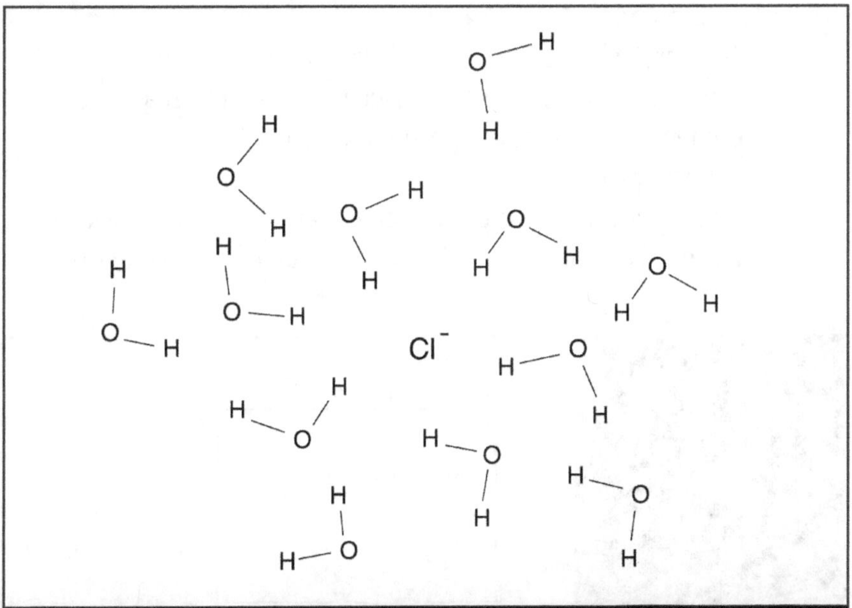

Figura 9.2. Solvatación del cloruro.

127

hacia los iones sodio mientras que, en el otro caso, las moléculas de agua presentan su extremo positivo en dirección de los cloruros. En este caso, también, para poder ver los iones se tendría que tener una visión capaz de distinguir objetos de dimensiones atómicas.

—Oiga, prof, ¿y cómo sabe que las partículas disueltas están cargadas?

—Ah, bueno, mediante un experimento. Déjame hacer otro dibujo para que me entiendas. Mmmh, aquí está (véase figura 9.3). Son dos cables conectados a una pila. Uno de los cables está conectado a un foco. Si se juntan ambos cables se prende el foco porque se cierra el circuito. Hay un flujo de electrones que al pasar por el filamento del foco provocan la emisión de luz. Ahora observa este otro dibujo (véase figura 9.4). Los dos cables, separados, se sumergen en un vaso que sólo contiene agua, evitando que se toquen. El foco no se prende.

—Claro, prof, si no está cerrado el circuito, ¿cómo se va prender?

—Sí, ¿verdad? Sin embargo, si disuelves sal en el agua y repites el experimento, ¿qué crees?... ¡se prende el foco!

—¿A poco, prof? ¿Cómo?

—Bueno, pues, por uno de los cables salen electrones. Éstos se acumulan en el extremo que está sumergido, de tal modo que se car-

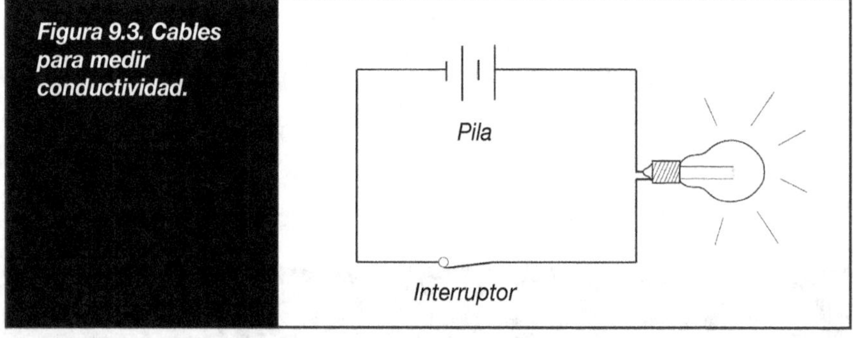

Figura 9.3. Cables para medir conductividad.

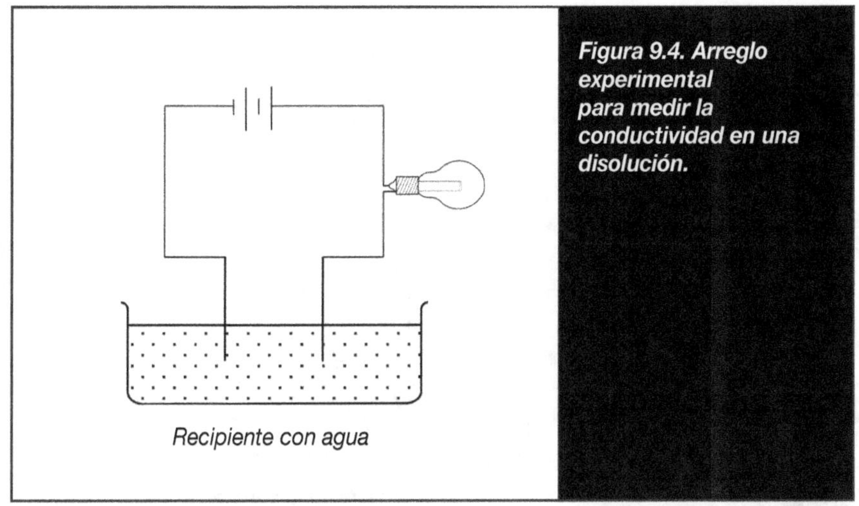

Figura 9.4. Arreglo experimental para medir la conductividad en una disolución.

ga negativamente. A este cable cargado negativamente se le llama cátodo. En el otro cable pasa lo contrario, los electrones fluyen hacia la pila. El extremo sumergido en la solución se carga positivamente por la falta de electrones. A este cable positivo se le llama ánodo. En la disolución, los sodios positivos son atraídos por el cátodo. Mientras que los cloruros son atraídos por el ánodo. Los sodios viajan hacia el cátodo y los cloruros lo hacen hacia el ánodo. La palabra ion significa viajero en griego. Por eso a las partículas positivas se les llama cationes porque viajan hacia el cátodo. Y a las partículas negativas se les llama aniones porque viajan hacia el ánodo. Mira, aquí se ve en qué sentido fluye la electricidad (véase figura 9.5).

—¿Y cómo se llama esta interacción?

—Bueno aquí se trata de la atracción que se da entre los iones y los dipolos del disolvente. Sería entonces una interacción *ion-dipolo permanente*.

—Prof, usted dijo que las moléculas de oxígeno no forman dipolos.

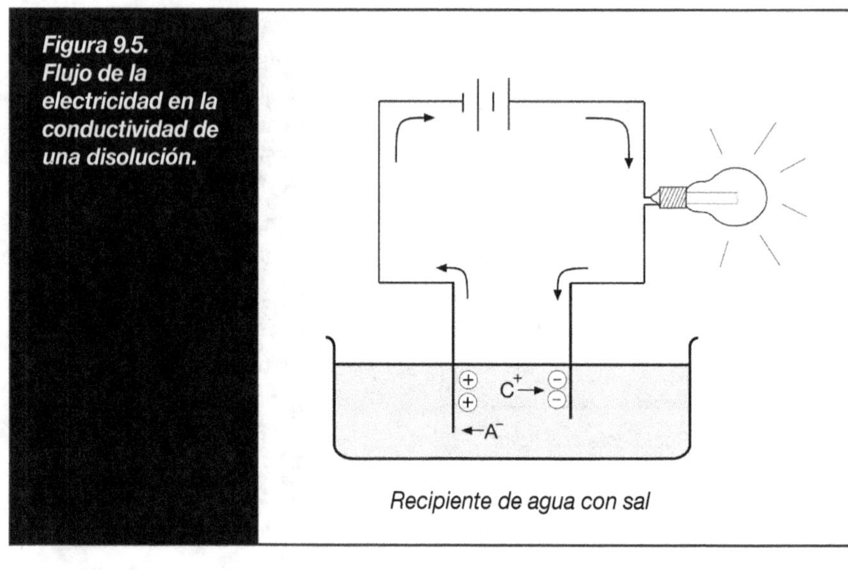

—Sí, en efecto no forman dipolos permanentes.

—Y el agua sí, ¿no?

—Ajá.

—Entonces el oxígeno no se disuelve en agua, ¿verdad?

—Claro, Crispín, muy bien pensado.

—No, prof, muy mal pensado porque... por supuesto que el oxígeno sí se disuelve en agua. Si no ¿qué es lo que respiran los peces?

—Está bien Crispín, exageré la nota. Casi no se disuelve y, por eso, se me hizo fácil decir simplemente que no. Pero, tienes razón: estrictamente, sí se disuelve. Poquito, pero sí.

—Bueno ahí está el problema. Ese poquito que se disuelve, ¿por qué se disuelve?

—Ah, claro. Lo que pasa es que el dipolo permanente del agua induce otro dipolo en las moléculas de oxígeno.

—Interacción dipolo permanente-dipolo inducido.

Tabla 9.1. Tipos de fuerzas químicas.		
Interacción	**Intensidad**	**Alcance**
Ion-ion	Muy fuerte	Largo
Ion-dipolo permanente	Fuerte	Corto
Dipolo permanente-dipolo perm.	Moderadamente fuerte	Corto
Dipolo permanente-dipolo inducido	Muy débil	Muy corto
Dipolo instantáneo-dipolo inducido	Muy débil[7]	Muy corto

[7] Como las fuerzas de Van der Waals aumentan con el incremento en el tamaño de las moléculas y no existe un límite en el tamaño de estas últimas, estas interacciones pueden volverse bastante grandes. No obstante en términos generales son muy débiles.

—Claro, Crispín. Se pueden dar todas las combinaciones, sólo que dominan las interacciones más fuertes. Mira, en esta tabla (véase tabla 9.1) —Marbello le mostró una página de un libro de química inorgánica— las interacciones intermoleculares están ordenadas según su intensidad.

—¿Oiga, prof? ¿Tiene una tabla de ejemplos? Creo que eso me serviría muchísimo.

—¡Claro, Crispín! Mira, aquí está (véase tabla 9.2).

Tabla 9.2. Ejemplos de algunas interacciones moleculares.	
Interacción	**Ejemplo**
Dipolo instantáneo-dipolo inducido	Aceite en gasolina
Dipolo permanente-dipolo permanente	Alcohol en agua
Dipolo permanente-dipolo inducido	Oxígeno en agua
Ion-dipolo permanente	Sal en agua

—Bien, prof, creo que ya entiendo un poco más sobre la materia y todo lo demás.

—Seguro, Crispín. Y hay más. Todavía nos falta explicar cómo reaccionan las sustancias, cómo se transforman unas en otras. Pero eso lo dejamos para el próximo semestre. Por cierto, Crispín, ¿ya leíste el último capítulo de Nube Solitaria?

—Claro, prof, me va a tener que recomendar otras lecturas así.

—Por supuesto, muchacho. Mira, ven, para que veas mi biblioteca. ¿Tienes tiempo?

—Pues, no, prof. Tengo que llegar a comer a mi casa.

—¿Por qué no te quedas a comer con nosotros? Habla a tu casa y avísales.

—Mmmh. Está bien, prof, pero antes una cosa.

—¿Cuál?

—Que ya terminé de leer las *Aventuras de Nube Solitaria*.

—Bravo, Crispín. Ya me lo dijiste.

—No, prof, lo que digo es que ya me puede platicar lo de por qué la mecánica cuántica describe a los electrones como nubes de carga y no como canicas chiquititas como todo el mundo cree. En eso quedamos, ¿no?

—*Oquei* —dijo descuidadamente, Marbello—. Por lo pronto, comamos... y luego vemos.

Al final de la comida, Marbello se dirigió al joven.

—¿Quieres un café, Crispín?

—Sí, profesor. Gracias.

Marbello fue a la cocina a preparar los cafés. Cuando regresó, Crispín ya tenía planes para la sobremesa.

—Ahora sí, prof. Explíqueme qué es eso de la naturaleza cuántica.

—Está bien, Crispín, pero te advierto que es algo que yo no entiendo de manera cabal.

—No importa, prof.

—Bueno, mira, todo esto tiene que ver con un fenómeno que ha sido estudiado por la física moderna: la naturaleza dual de la materia. Se ha descubierto que las partículas subatómicas, como los electrones, protones y neutrones, además de comportarse como cuerpos, exhiben un indiscutible comportamiento ondulatorio.

—¿Me está hablando en serio, prof? ¿O me está cotorreando?

—¡Ah!, ¿verdad? Yo te advertí...

—¿Me está usted hablando de cuerpos que se comportan como ondas?

—Mira, sin interpretaciones. Los puros hechos, nada más. Mediante los microscopios electrónicos, se puede iluminar el interior de las células con "rayos de electrones" en vez de rayos de luz. Y se puede tomar "fotos" de moléculas utilizando electrones como si fueran rayos X.

—¡Ah caray!

—Quiere decir que con estas partículas se presentan los fenómenos de difracción, reflexión y refracción de la misma manera que con la radiación electromagnética.

Crispín estaba anonadado.

Marbello continuó.

—Esto es tan importante que si no se toma en cuenta el comportamiento ondulatorio de estas partículas es imposible describir adecuadamente los sistemas atómicos. Justamente, la mecánica cuántica lo toma en cuenta. Y por eso es una teoría que ha tenido un éxito fabuloso. Sin embargo, como te puedes imaginar, el comportamiento ondulatorio tiene implicaciones en todas las propiedades de las partículas subatómicas y, por lo tanto, en todos los fenómenos atómicos, también.

—¿Como cuáles?

—Muchísimas. Pero no te voy a hablar de todas ellas porque eso sería un curso de mecánica cuántica y no sé si tengas suficiente tiempo... —dijo Marbello socarronamente.

—No, prof, todavía tengo que ir a ver a Julia —le siguió la broma, Crispín.

—Bien, entonces sólo te voy a hablar de lo que tiene que ver directamente con la imagen del electrón como una nube de carga.

—¡Sale, prof!

—Resulta que no es posible ubicar con certeza a estas partículas que muestran un considerable comportamiento ondulatorio.

—¿Cómo con certeza?

—Mira, localizar algo significa conocer con certeza su posición, es decir, dónde se encuentra. Pero *conocer con certeza* no es fácil. Por ejemplo, cuando al averiguar dónde está "Fulanito de Tal" se nos contesta que se encuentra en el estado de Chiapas, podemos decir que está localizado. Sin embargo, es obvio que no está plenamente localizado. Hay una certeza: que no se encuentra fuera de las fronteras de Chiapas. No está en Tabasco, ni en Sinaloa, ni en Yucatán. Aún más, la certeza es mayor: no está en Canadá, ni en Chile, ni en China, ni en África, ni en Alfa Centauro, ni en la galaxia de Andrómeda. Es decir, es mucho lo que sabemos sobre dónde no está el misterioso Sr. Fulanito de Tal. Sin embargo, nuestro conocimiento sobre su ubicación no es absoluto porque dentro de Chiapas, ¿donde está? ¿En San Cristóbal de Las Casas, en Ocosingo, en Tuxtla Gutiérrez, en Tapachula? No lo podemos decir con certeza. Lo más que podemos decir es *en algún lugar de Chiapas*. Esta frase representa, como analogía, una medida de nuestra incertidumbre respecto a dónde está Fulanito. Una información más precisa que nos dijera que nuestro elusivo personaje se encuentra en San Cristóbal de las Casas, significaría que conocemos su ubicación con mayor certeza. Ahora podríamos decir que Don Fulanito se encuentra *en algún lugar de San Cristóbal*. El tamaño de la zona donde es incierta su posición ha disminuido y, por lo tanto, De Tal, está mejor localizado. Entre menor es la zona de incertidumbre, mayor es el conocimiento que tenemos de su posición.

—Ah, ahora sí. ¿Y luego?

—Bueno, para los cuerpos del mundo macroscópico la incertidumbre en la determinación de las propiedades está más bien relacionada con cuestiones de tipo práctico. Muchas de estas propiedades están definidas con toda precisión en la teoría, pero al determinarlas o medirlas siempre se presenta algo de incertidumbre. Su incertidumbre depende, entonces, de los instrumentos utilizados, del método y de la habilidad del experimentador. En este sentido, no hay ninguna medida experimental que sea absolutamente precisa. Siempre existe algo de incertidumbre. Y lo más a lo que podemos aspirar es a intentar disminuir la incertidumbre, más y más, cada vez. Lamentablemente la dificultad para localizar a un electrón no tiene que ver con la cuestión experimental. Tiene que ver, como te había dicho antes, con su naturaleza dual, es decir, con su notable comportamiento ondulatorio. Es decir, aun cuando pudiéramos contar con un experimento ideal (instrumentos ideales, métodos ideales, técnicos ideales) que no generara incertidumbre, existe incertidumbre debido a su naturaleza ondulatoria.

—¡Válgame Dios!

—Pero en realidad eso no es todo. De la mecánica cuántica se desprende que los intervalos de incertidumbre en la posición, Δ_x, y en la velocidad, Δ_v no son independientes como parece al estudiar los cuerpos típicos. El producto de ambos intervalos de incertidumbre está obligado a ser mayor que un cierto valor. Y este valor depende de la masa. Es grande para los cuerpos ligeros y pequeño para los cuerpos pesados. Esto les hace guardar una relación inversamente proporcional. Hacer más pequeña la incertidumbre en la posición implica hacer crecer la incertidumbre en la velocidad. Y viceversa. La ecuación correspondiente es ésta y se conoce como la relación de incertidumbre de Heisenberg.[8]

$$\Delta_x \Delta_v \geq 5.28 \times 10^{-35}/m$$

donde Δ_x es la incertidumbre en la posición, Δ_v es la incertidumbre en la velocidad, 5.28×10^{-35} es una cantidad constante, llamada constante de Planck (h) y m es la masa.

—A ver, prof, explíquemela más despacito, *plis*.

—Para un electrón, cuya masa es aproximadamente de 10^{-30} kg, el producto de sus incertidumbres tiene que ser mayor que 5.28×10^{-5}. Si su incertidumbre en la velocidad fuera de 1,000 metros por segundo...

—Uy, sería enorme...

—No tanto. Un electrón en un átomo de hidrógeno se mueve a una velocidad de alrededor de dos millones de metros sobre segundo. Una incertidumbre de mil, significa que su verdadera velocidad se encuentra entre 1,999,500 m/s y 2,000,500 m/s, el cual no es un intervalo demasiado grande.

—¿Y luego?

—Una incertidumbre en la velocidad de mil metros por segundo provocaría que la incertidumbre en la posición fuera, en el mejor de los casos, de 5.58×10^{-8} m.

—¿Cuánto es eso, prof?

—En esta distancia, cabrían más de 500 átomos alineados. Esto sería equivalente, toda proporción guardada, a tener perdido un arete entre... ¡la ciudad de México y la de Guadalajara! El único modo de disminuir esta incertidumbre sería dejando que aumentara la de la velocidad. Supongamos ahora una incertidumbre real-

---

[8] La relación de incertidumbre, sin sustituir los valores de las constantes, es $\Delta_x \Delta_v = h/4\,m$ donde h es la constante de Planck (h = 6.63×10^{-34} Js) y m la masa de la partícula.

mente grande, digamos de dos millones de metros por segundo, es decir que la velocidad del electrón estuviera entre 1 millón de m/s y 3 millones de m/s. En este caso, la incertidumbre en la posición disminuiría en un factor de 1,000, o sea sería de 0.528×10^{-10} m. Entonces, tendríamos un electrón perdido en un átomo. No se gana mucho en la localización del electrón y, en cambio, se pierde información respecto a la velocidad. Un electrón, Crispín, no puede ser localizado con más precisión. Ésta es la mayor resolución que podemos tener respecto a la posición de un electrón. No más. Como esta incertidumbre no proviene de la especificidad de ningún experimento, es como si la propia teoría fuera nuestro instrumento y este resultado hablaría de la pobre resolución de "este instrumento". La teoría que se ocupa de la descripción del interior de los átomos es la mecánica cuántica. Al parecer este instrumento únicamente nos proporciona una visión gruesa del electrón.

—La mecánica cuántica se hace la de la vista gorda —agregó con humor, Crispín.

—Peor que eso, Crispín. La mecánica cuántica, que es la mayor hazaña intelectual del hombre, tiene la vista gorda.

—¿Y entonces la nube? —regresó al principio, el muchacho.

—La imagen de una nube electrónica es consecuencia de la imposibilidad de localizar a un electrón con una precisión mayor. Pensar en el electrón como una esferita más pequeña que el protón (digamos mil veces más pequeña) implicaría pensar en una incertidumbre en la posición del electrón de apenas 10^{-18} m y esto a su vez implicaría que su incertidumbre en la velocidad fuera de 10^{14} m/s, un valor... ¡un millón de veces mayor que la velocidad de la luz! (la velocidad de la luz es la mayor velocidad que puede tener un cuerpo en nuestro Universo).

—Y entonces ¿la imagen de un electrón girando alrededor de un núcleo como lo hacen los planetas alrededor del Sol?

—Es una especulación. Podría estar así, girando en órbitas circulares o elípticas. Pero también lo podría estar en órbitas rómbicas o trapezoidales. O haciendo ochos. La verdad es que no podemos definir los límites del electrón con más precisión. Lo más que podemos conocer es una inmensa zona donde tenemos certeza que se encuentra el electrón. Por supuesto, dentro de esa zona no podemos describir al electrón con ningún detalle. Queramos o no, es con el electrón deslocalizado en esa zona con lo que podemos trabajar. También es cierto que este nivel de incertidumbre es más que suficiente para explicar los fenómenos químicos. Para los propósitos de la química, la imagen de una nube de carga para el electrón es adecuada y útil, en lo general.

—¡Caramba, prof! ¡Qué padre ha sido todo esto que me ha platicado sobre la nube electrónica!

—Y todavía falta lo de las reacciones químicas...

—Pues ya será el próximo semestre, prof.

—Gracias. Ya me tengo que ir.

—Bueno, Cris, pues que te vaya bien —dijo Marbello mientras acompañaba al muchacho a la puerta.

—Sí, prof, nos vemos.

El joven estudiante hizo un ademán de despedida y se dirigió hacia la banqueta en espera de su camión.

—Ah, Crispín... —el muchacho se detuvo—, vas a ser un gran físico...

—¿Físico? Si yo lo que quiero ser es escritor —gritó con alegría mientras le hacía la parada al camión.

❖

Glosario

Átomo. Una de las tres partículas químicas que constituyen la materia. Las otras dos son las moléculas y los iones. Los átomos son los componentes de las moléculas. Cuando adquieren carga eléctrica se convierten en iones. El átomo a su vez está formado por otras partículas menores o partículas elementales: protones, neutrones, electrones o quarks. Como ejemplos de átomos estables se tienen a los de los gases nobles: helio (He), neón (Ne), argón (Ar), kriptón (Kr), xenón (Xe) y radón (Rn).

Capa electrónica de valencia. Es la última capa electrónica, la más externa. Salvo para los gases nobles, la capa de valencia está incompleta. Es decir, le faltan electrones para alcanzar su máxima capacidad. En química es muy útil conocer el número de electrones que constituyen la capa de valencia de cada elemento.

Capa electrónica. Las nubes electrónicas tienden a acomodarse por capas alrededor del núcleo. Las capas electrónicas tienen distinta capacidad según su distancia al núcleo, es decir, las más cercanas contienen menos nubes electrónicas que las más lejanas. Las únicas nubes electrónicas que intervienen directamente en los procesos químicos son las de la última capa. A esta capa, a la última o más externa, se le llama capa de valencia. Las demás capas forman parte del corazón atómico. Las nubes del corazón no intervienen directamente en los procesos químicos. En este texto, las capas electrónicas son las que se desprenden de la regla de las diagonales y el principio de construcción. De esta manera, no coinciden con el número cuántico n del modelo de Schrödinger sino con la mayoría de las configuraciones basales de los elementos en la tabla periódica (véanse notas 4 y 5).

Configuración electrónica. Es la representación de la distribución y forma de las nubes electrónicas alrededor del núcleo. En química es muy útil conocer la configuración electrónica del estado basal de cada elemento.

Corazón atómico. Es el núcleo atómico más todas las capas electrónicas excepto la de valencia. Es decir, es el núcleo más las capas internas. En los corazones atómicos, todas las capas electrónicas están completas. Todos los átomos se pueden imaginar como un corazón atómico rodeado por las nubes electrónicas de la capa de valencia.

Dipolo eléctrico. Es un sistema formado por dos cargas, $+q$ y $-q$, separadas por una distancia fija **d**.

Discreto. Que presenta separaciones, discontinuo.

Electrón. Es una de las partículas elementales que forman a los átomos. Las otras dos son los neutrones y los protones que a su vez están compuestas de varios tipos de quarks. Es una nube de carga negativa que envuelve al núcleo positivo. También se le llama nube electrónica.

Estado basal. Es el estado atómico de más baja energía.

Estados atómicos. Según la distribución y forma de las nubes electrónicas, el átomo puede "estar" en diferentes estados. El estado de más baja energía es el estado basal. A los demás estados se les conoce como estados excitados.

Estructuras de Lewis. Son la representación de la distribución de las nubes electrónicas alrededor de los corazones atómicos en las partículas químicas. En estas estructuras, las nubes electrónicas de enlace se representan mediante una raya, las nubes unidas a un sólo corazón, mediante un par de puntos y los corazones atómicos mediante los símbolos de los elementos. Conociendo la estructura de Lewis de una partícula química se puede inferir su estructura tridimensional.

Hidatsa. Etnia americana que habitó en las praderas de lo que hoy es Dakota del Norte, cerca de los grandes lagos.

Ion. Una de las tres partículas químicas que constituyen la materia. Las otras dos son los átomos y las moléculas. Los iones son átomos o moléculas cargados eléctricamente. Algunos ejemplos son el sodio-más, Na^+, el cloruro, Cl^-, el amonio, NH_4^+, y el sulfato, SO_4^{-2}.

Molécula. Una de las tres partículas químicas que constituyen la materia. Las otras dos son los átomos y los iones. Las moléculas están formadas por átomos. Al adquirir carga eléctrica se convierten en iones. Como ejemplos de moléculas estables se pueden citar las del agua, H_2O, el nitrógeno, N_2, y la sacarosa, $C_{11}H_{22}O_{11}$.

Momento dipolar eléctrico. El momento de un dipolo eléctrico es un vector **m** cuya magnitud (para un dipolo formado por dos cargas, +q y -q, a una distancia **d**) es el producto q**d**.

Neutrón. Es una de las partículas elementales que forman a los átomos. No posee carga eléctrica y, junto con los protones, forma parte del núcleo atómico. Se mantiene unido a las demás partículas nucleares mediante las fuerzas más intensas conocidas: las fuerzas nucleares.

Nivel energético. Es la energía asociada con una o varias nubes electrónicas. Se representa con el número n que corresponde al número cuántico principal del modelo atómico de Schrödinger.

Nube electrónica. Véase *electrón*.

Nubes electrónicas de valencia. Son las nubes electrónicas de la última capa. Su forma y tamaño determinan la geometría y reactividad de las especies químicas.

Nubes electrónicas del corazón. Son las nubes electrónicas de las capas internas del átomo. Están tan fuertemente atraídas por el núcleo que no pueden participar en los procesos químicos.

Núcleo atómico. Es la parte positiva del átomo. Está formado por protones y neutrones. Contiene prácticamente toda la masa del átomo. Se encuentra inmerso en una o varias nubes de carga negativa. Esas nubes negativas son los electrones.

Protón. Es una de las partículas elementales que forman a los átomos. Está cargado positivamente y, junto con los neutrones, forma parte del núcleo atómico. Se mantiene unido a las demás partículas nucleares mediante las fuerzas más intensas conocidas: las fuerzas nucleares.

Solvatación. Es el fenómeno en el que una partícula química interactúa con las moléculas del disolvente.

Lecturas recomendadas

1. Acosta, V., Cowen, C.L., Graham, B.J., *Curso de física moderna*, Harla, México, 1975.

2. Atkins, P.W., Clusgton, M.J., *Principios de fisicoquímica*, Addison Wesley Iberoamericana, México, 1986.

3. Cruz-Garritz, D., Chamizo, J.A., Garritz, A., *Estructura Atómica. Un enfoque químico*, Addison Wesley Iberoamericana, Wilmington, 1991.

4. Halliday, D., Resnick, R., *Fundamentos de física*, CECSA, México, 1986.

5. Huheey, J.E., *Química inorgánica. Principios de estructura y reactividad*, Harla, México, 1982.

www.ingramcontent.com/pod-product-compliance
Lightning Source LLC
Chambersburg PA
CBHW071516150726
48000CB00002B/579